\简单易做/

用环保编织带手编篮筐

Eco craft Bag & Basket

〔日〕古木明美　著

陈亚敏　译

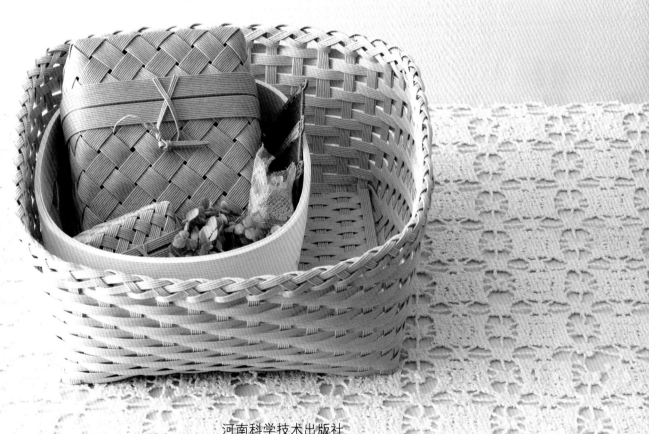

河南科学技术出版社
·郑州·

目录

关于作品的难易度

本书主要面对初学者，所以都标注了作品的难易度，不妨作为参考。

★ ＝简单易做，适合初学者。

★★ ＝稍费时间，只要按照编织方法进行，肯定没问题。

★★★ ＝稍有难度，但是完成后的满足感让你觉得值得去挑战。

菱形花纹底收纳盘

Hishigata tray

刺绣装饰提篮

Simple stitch bag

细长形提篮

Slim basket

少女风提篮

One handle bag

北欧风带盖套篓

Futatsuki basket

简约风提篮

Ajiro bag

该款篮子的亮点是采用互相交错的双色调花纹进行编织。

作品 a 提手短，可用作收纳篮子；作品 b 提手长，可用作肩挎包。

编织方法 ❖ 第 33 页

完成尺寸 ❖ 约长 33cm、宽 13.5cm、高 24cm（不含提手）

难易度 ★★

b

六角眼提篮
Mutsume bag

这款篮子的六角眼设计非常独特。里面放上包袱袋，可随身携带。
也可装饰点花花草草，显得典雅而有情调。

编织方法 ❖ 第44页
完成尺寸 ❖ 约长25cm、宽9.5cm、高26cm（不含提手）
难易度 ★★★

北欧风收纳筐

Hokuo kago

这是一款可节省使用空间的正方形收纳筐。可用来放面包、点心等食物，也可以用来收纳亚麻织物、毛巾、空瓶子等，非常实用。

编织方法 ❖ 第36页

完成尺寸 ❖ 小款长22cm、宽13.5cm、高8.5cm

大款长25.5cm、宽17cm、高13cm

难易度 ★

尝试编织不同大小的筐篓，像套匣一样，不使用时可收纳整理起来

马尔凯提篮

Marche bag

这是一款椭圆形的、有点鼓鼓的、让人很怀念的编织篮子。
尤其是给人透明感的编织网格，显得篮子非常轻巧。出门
带上很方便，当然也可用于厨房、卫生间的收纳。

编织方法 ❖ 第29页
完成尺寸 ❖ 约长27cm、宽13cm、高20cm（不含提手）
难易度 ★★

可尝试编织不同颜色的篮子

复古风带盖提篮
Antique kago

这款带盖提篮给人最深的印象就是圆圆的、鼓鼓的，其设计亮点就是像钥匙一样的插锁，以及采用三股线编织的提手。

编织方法 ❖ 第53页

完成尺寸 ❖ 约长 16.5cm、宽 13cm、高 16.5cm（不含提手）

难易度 ★ ★ ★

可尝试使用自己喜爱的颜色进行编织

竖款扁平提篮

Petanko bag

这款提篮设计高雅，可以搭配普通的服装，也可搭配夏季休闲服外出使用。芥末黄色的配色、圆形的提手更是这款提篮的亮点。

编织方法 ❖ 第 24 页

完成尺寸 ❖ 约长 22cm、宽 4.5cm、高 31.5cm（不含提手）

难易度 ★

大号收纳筐

Tappuri shuno kago

这是一款特别实用的收纳筐，可收纳手工艺品，
甚至可用来收纳拖鞋。
可随处摆放，非常方便、耐用。

编织方法 ❖ 第 70 页
完成尺寸 ❖ 约长 21.5cm、宽 21cm、高 11cm
难易度 ★ ★

圆形底收纳筐

Maruzoko kago

这款圆形底收纳筐系上丝带，稍加装饰，漂亮至极。

可用来收纳毛毯、衣服、玩具等，

也可当作废纸篓用，美观实用。

编织方法 ❖ 第 41 页

完成尺寸 ❖ 约底部直径 18.5cm、高 24cm（不含提手）

难易度 ★

北欧风提筐
Hokuo handle kago

这款北欧风提筐，装饰上漂亮丝带或植物，瞬间提升了品位。比较适用收纳一些零碎的东西，也可挂在墙上使用。

编织方法 ❖ 第48页
完成尺寸 ❖ 约长11.5cm、宽5cm、高11.5cm（不含提手）
难易度 ★

菱形花纹底收纳盘
Hishigata tray

这款收纳盘的底部采用菱形花纹设计，图案精美；用途广泛。

可收纳一些自己喜欢的日用小物品，也可存放钥匙、印章之类的小物件。

仅仅陈列在房间里，就能增添一些氛围。

编织方法 ❖ 第39页

完成尺寸 ❖ 约长24cm、宽15cm、高3cm（不含提手）

难易度 ★

刺绣装饰提篮
Simple stitch bag

这款篮子的醒目之处在于灰色刺绣搭配一定的边缘装饰。
横跨左右两侧边的提手，提升了篮子的时尚品位。
可用于肩挎，也可手提，美观实用。

编织方法 ❖ 第58页
完成尺寸 ❖ 约长30cm、宽7.5cm、高19cm（不含提手）
难易度 ★ ★

细长形提篮

Slim basket

这款细长形提篮的最亮眼之处在于 V 形边缘编织。

可用来收纳餐具、文具、遥控器等。可手提，所以移动起来也比较轻松。

编织方法 ❖ 第 50 页

完成尺寸 ❖ 约长 25cm、宽 7.5cm、高 6cm（不含提手）

难易度 ★

少女风提篮
One handle bag

这款篮子可用于装饰房间，栗色搭配米色，是女孩子的最爱。
尤其是边缘的绳编，用来收缩篮子的开口。

编织方法 ❖ 第63页
完成尺寸 ❖ 约长21cm、宽12.5cm、高18.5cm（不含提手）
难易度 ★★

北欧风带盖套篓
Futatsuki basket

这款带盖套篓，可用来收纳一些比较私密点的东西。
尤其是扣锁部分，设计别致。
有大、中、小三款，可组成套匣。

可以只制作大款的盖子，
用作收纳筐。

编织方法 ❖ 第66页

完成尺寸 ❖ 中款 约长11.5cm、宽7.5cm、高13.5cm

　　　　　大款 约长22cm、宽13cm、高25.5cm

　　　　　小款 约长7cm、宽4cm、高8cm

难易度 ★★

大款的可用来
收纳整理包装比较豪华的点心，
或者亚麻布衣物、内衣之类等。

中款的可用来收纳化妆品、缝纫物等。
也可放在门口，
放钥匙、印章等零碎物品。

小款的便于存放糖块、棉签、牙签等。

环保编织带及各种工具 接下来将介绍编织时所需的材料及工具。

● 材料

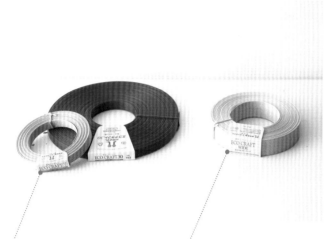

● 各种工具

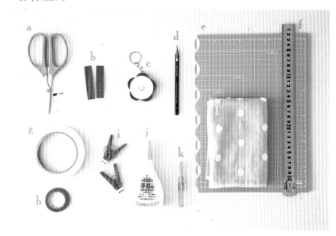

环保编织带

用 12 根细环保材质带加工成 1 根平的带子（约宽 15mm）。每卷长度分别有 5m 和 30m 的。

宽型环保编织带

用 24 根细环保材质带加工成 1 根平的带子（约宽 30mm）。这种材料多用于编织北欧风等稍宽一点的筐、篓或者其他物件。

实物大小

实物大小

> ### 环保编织带
> 所谓的环保编织带，指的是旧包装纸或者废纸的再生品，具有不同颜色，质感也有些不同。

a 剪刀
裁剪各种编织带。※ 图为 HAMANAKA 工艺专用剪刀。

b PP 分割带
分割编织带时使用，多准备几条。

c 卷尺
用来测量长度。※ 图为花形卷尺。

d 铅笔（或圆珠笔）
用来做标记。

e 切割垫（带有网眼状的刻度）
制作北欧风以外的篮子底部时使用切割垫。也可用夹有网格纸的硬板文件夹来代替。

f 尺子
用来测量长度，固定篮子底部。

g 双面胶
制作篮子底部时粘贴上，防止编织错位。

h 遮蔽胶带
用于底部接合处的粘贴或者捆扎编织带。

i 晒衣夹子
用来固定粘贴后的绳子或者编织时的编织带。准备 10 个左右。

j 手工用黏合剂
用来粘贴编织带，晾干后呈透明状，速干性好。
※ 图为 HAMANAKA 工艺黏合剂。

k 一字螺丝刀
边缘编织时，可通过一字螺丝刀插进编织带的叠压处，留出缝隙。

l 湿毛巾
手上沾有黏合剂时，可用来擦拭。

环保编织带编织基础

❖ 裁剪、分割环保编织带

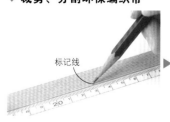

标记线

1 参照"需要准备相应股数和根数的编织带""平面裁剪图"，在需要裁剪处做上标记，然后沿着标记线进行裁剪。

> 如图用胶带把编织带固定到桌面上，这样比较容易裁剪。

> ### 需要准备相应股数和根数的编织带
>
> [①横编织带…5 根 6 股宽长78cm]，即裁剪准备长为 78cm 的 5 根、6 股宽的编织带。
>
> 参照"平面裁剪图"，高效率地进行裁剪。目测所需长度和宽度的编织带。编织时，因人而异，作品的尺寸可能会有所不同。
>
> ※ 为了清晰可见，"平面裁剪图"中的宽度和长度的比例稍有不同。

约2cm

2 如图，从切开的编织带的边缘数起，在第 6 与第 7 股之间的槽处用剪刀裁剪约 2cm 长的切口。

PP 分割带

| 8股 | 4股 | 2股 | 1股 |

3 在步骤 2 的切口里，垂直放入 PP 分割带，一拉就可以切开编织带了。
※ 切开不顺利时，需要更换新的 PP 分割带。

4 根据编织方法，有的需要在编织带中间做上标记。

▼

❖ 捋平编织带的折痕

编织带有时会带有折痕，编织前用拇指和食指捏住，捋平后再进行基础编织。

裁剪切开后的编织带

根据"平面裁剪图"所示的顺序用遮蔽胶带捆扎起来，然后写上序号、编织带名字，便于后续编织。

❖ 涂抹胶水

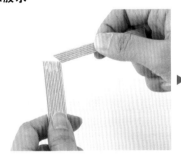

涂抹胶水时，使用编织带边角料进行涂抹，会比较方便。注意不要涂抹太多，尤其是在槽处。

连接错时

连接错时，使用熨斗蒸汽烫，使胶水熔化，然后揭开，再进行连接。连接前，一定要用水或者湿布把之前的胶水擦拭干净，再涂上胶水重新连接。

晒衣夹子的用处

①固定编织带

可用来固定涂抹胶水后的编织带直到胶水晾干。另外，可防止侧面的编织网眼膨胀或者错位。编织中途停止时，使用晒衣夹子固定一下也会比较方便。

❖ 连接编织带

〔内侧〕

一定要在竖编织带的背面裁掉编织带。当横编织带插到竖编织带之间时，需要裁剪调整。调整好后，新编织带对接到横编织带上后，连接起来。

对接

②捆扎编织带

可用晒衣夹子捆扎长一点的编织带，打成圈。编织时使用多长放开多长。

编织方法

Petanko bag

竖款扁平提篮 彩图见第 12 页

●材料
HAMANAKA ECO CRAFT〔30m 卷〕No.123 蓝紫色 1 卷
HAMANAKA ECO CRAFT〔5m 卷〕No.24 芥末色 1 卷

●完成尺寸
约长 22cm、宽 4.5cm、高 31.5cm（不含提手）

●需要准备相应股数和根数的编织带 ※除指定以外采用蓝紫色。

①横编织带……6 股宽　3 根　长 94cm
②横编织带……8 股宽　2 根　长 22cm
③竖编织带……6 股宽　11 根　长 76cm
④竖编织带（芥末色）……6 股宽　2 根　长 76cm
⑤收尾编织带……6 股宽　2 根　长 4.5cm
⑥编织带……6 股宽　42 根　长 54cm
⑦外缘编织带……8 股宽　1 根　长 56cm

⑧内边编织带……8 股宽　1 根　长 54cm
⑨锁边编织带……1 股宽　1 根　长 170cm
⑩提手芯编织带……5 股宽　2 根　长 160cm
⑪提手装饰编织带（芥末色）……3 股宽　2 根　长 45cm
⑫提手卷编织带……2 股宽　2 根　长 360cm
⑬编织提手的编织带……2 股宽　2 根　长 110cm

●平面裁剪图〔30m 卷〕（蓝紫色）

⑤6 股宽 长 4.5cm　■=多余部分

| ①6 股宽 长 94cm | ① | ③ | ③ | ③ | ③ | ③ | ⑥6 股宽 长 54cm | ⑥ |
| ① | ③6 股宽 长 76cm | ③ | ③ | ③ | ③ | ③ | ⑥ | ⑥ |

680.5cm

648cm

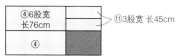

378cm

②8 股宽 长 22cm
⑨1 股宽 长 170cm

⑦8 股宽 长 56cm	⑧8 股宽 长 54cm		⑩5 股宽 长 160cm		⑩
		⑬2 股宽 长 110cm		⑬	
	⑫2 股宽 长 360cm				
⑫					

474cm

〔5m 卷〕（芥末色）

| ④6 股宽 长 76cm | ⑪3 股宽 长 45cm |
| ④ | |

121cm

●编织方法
※ 为了编织步骤清晰可见，编织时部分编织带的颜色会有所改变。

❖ 裁剪、分割环保编织带

1　参照"平面裁剪图"，裁剪、分割指定长度的编织带。分别在 2 根①②横编织带、2 根③④竖编织带，以及⑪提手装饰编织带的中心处做上标记。

>> 参照第 22 页裁剪、分割环保编织带。

❖ 编织底部

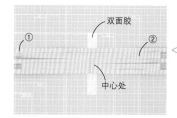

为使编织顺利，外形完美，横编织带和竖编织带 90° 垂直交叉摆放非常重要。所以沿着切割垫的方格线进行操作会比较简单些。

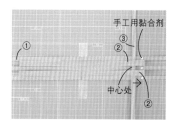

2　把双面胶粘贴到切割垫上，把 1 根①横编织带和另 1 根②横编织带交替摆放，使中心处重合，注意不留缝隙。

3　把 1 根③竖编织带和 2 根②横编织带如图交叉摆放。①横编织带上涂上少量的黏合剂，进行黏结。

把③竖编织带的中心处和上、下 1 横编织带的中心处对齐之后再粘贴。

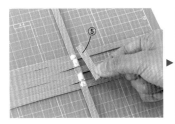

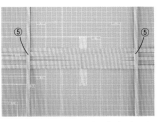

4 把另1根③竖编织带如图从另一侧放入，通过黏合剂粘贴。

5 把2根⑤收尾编织带和上、下2根①横编织带对齐并做上标记，在标记处裁剪。

6 分别在②横编织带、③竖编织带上涂上黏合剂，然后把步骤5中裁剪好的⑤收尾编织带如图进行重合粘贴。

黏合剂晾干之后，整体从切割垫上揭下来。

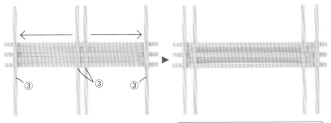

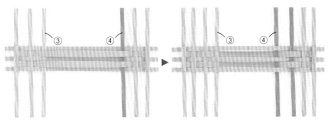

7 把另2根③竖编织带像左右两边的③竖编织带一样如图交叉放到中心部分，然后左右分开。

翻到背面，检查一下左、右横编织带的上下是否交叉对齐。

8 把2根③竖编织带与2根④竖编织带（芥末色，放入右边数第3、4根处），以及4根③竖编织带，参照步骤7交叉放入，左右分开。

❖ 编织侧面

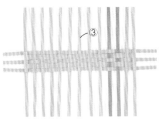

9 最后1根③竖编织带放入最中间的位置。

10 把③竖编织带、④竖编织带粘贴到上、下①横编织带上。

粘贴之前，要检查一下③竖编织带、④竖编织带是否交叉对齐。

11 用尺子使四周的编织带竖起。竖起的编织带成为竖编织带。

编织篮子侧面时，尽量使竖编织带直立。

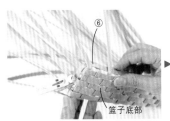

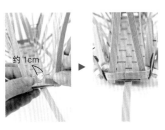

12 如图把⑥编织带放到竖编织带的里面，并用晒衣夹子固定。注意使竖编织带一里一外与⑥编织带交叉。

注意使篮子底部边缘的横编织带与⑥编织带交叉。

13 当篮子底部一周交叉放入完毕后，如图将编织带两头对接粘贴，这样完成了第1圈（行）的编织。注意对接粘贴窝边的长度约为1cm。

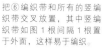

约1cm

约1cm

⑥

⑥

把⑥编织带和所有的竖编织带交叉放置，其中竖编织带如图1根间隔1根置于外面，这样易于编织。

14 把剩下的⑥编织带按照步骤15的要领通过长约1cm的窝边对接粘贴，使之成为环形。

通过粘贴窝边，使编织带成为环形，以符合篮子底部的尺寸，这样编织起来较为方便。

15 把步骤14中做成的1根环形⑥编织带，像第1圈的编织步骤一样与竖编织带交叉放入，整理好，这样就完成了第2圈的编织。

42圈

编织完第3、4圈后，手指插进去整理一下编织带之间的空隙，然后用晒衣夹子固定，再继续编织。

16 把剩下的⑥编织带按照步骤15的编织要领，一直编织到第42圈。

为了更好、更美观地进行编织

⑥编织带的其中20根，需要在每根的内侧做上3处标记，然后做成环形。编织第3～41圈的奇数圈时，使用做过标记的编织带，编织时注意对齐标记，使外形整齐。

窝边
约1cm   做标记

1/4 1/4 1/4 1/4

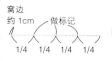

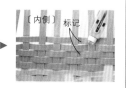

【内侧】 标记

❖ **处理边缘**

竖编织带

被插入的编织带
裁掉

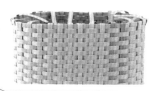

17 把竖编织带像是包裹住最后一圈的编织带一样，如图分别朝内侧、朝外侧折叠。

18 把步骤17中朝外折叠的竖编织带沿着侧面插入。过长的竖编织带，裁掉多余的部分。

19 把所有的竖编织带插进侧面外侧从上数前3圈的横编织带里。

当竖编织带难以插入时，使用一字螺丝刀辅助插入。

裁掉后，编织带的头从外面就看不出来了。

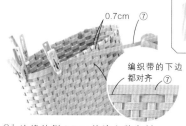

0.7cm ⑦

编织带的下边都对齐 ⑦

20 步骤17中朝内侧折叠的竖编织带，按照步骤18、19的要领，插进侧面内侧的横编织带里。

所有竖编织带都插入之后的样子。

21 边缘外侧0.7cm处涂上黏合剂，缠上一圈⑦外缘编织带，用晒衣夹子固定。最后对接粘贴。

注意把⑦外缘编织带的下边与最后一圈编织带的下边对齐。

❖ 进行边缘的锁边编织

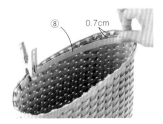

22 边缘内侧 0.7cm 处涂上黏合剂，缠上一圈⑧内边编织带，用晒衣夹子固定。最后对接粘贴。

注意把⑧内边编织带的下边与最后一圈编织带的下边对齐。

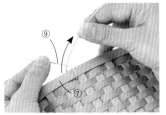

23 把⑨锁边编织带从⑦外缘编织带下面的外侧穿进内侧。如图交叉后把长的一头拉到眼前。

24 短的一头用晒衣夹子固定，然后从竖编织带的外侧穿进内侧，和步骤23一样交叉后拉紧。

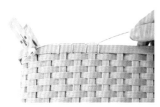

25 和步骤24一样，如图于竖编织带之间隔1根编织带进行一次锁边编织。

26 一周锁边编织完之后，把剩下的⑨锁边编织带穿进编织起始处的锁边编织里。

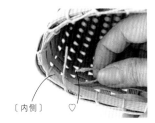

27 把锁边编织带的结束端（♡）拉入内侧。

28 把起始端和结束端在内侧固定打结。裁掉多余的部分，在打结处涂上黏合剂。

❖ 安装提手

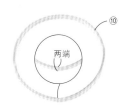

29 用1根⑩提手芯编织带做1个4层的圆环，两端通过黏合剂黏合。

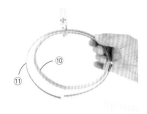

30 把⑪提手装饰编织带放到⑩提手芯编织带外面，用晒衣夹子固定。

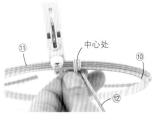

31 把⑫提手卷编织带和⑪提手装饰编织带的中心处对齐。把⑫提手卷编织带缠到⑪提手装饰编织带上，需要缠2圈。

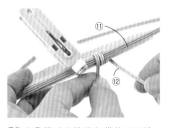

32 在⑪提手装饰编织带的下面缠1圈，这样就完成了1个花样的编织。

33 重复步骤31、32，提手缠半圈。

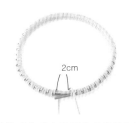

34 提手的剩余半圈也是按照步骤31、32的要领缠上。从步骤33的边缘开始缠到如图剩余的2cm处。

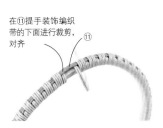

35 把提手卷编织带的一头在⑪提手装饰编织带的下面进行裁剪，对齐。使用另一端的编织带一边编织花样一边缠到最后。

编织带的穿插方法

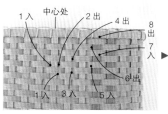

36 把⑫提手卷编织带从⑪提手装饰编织带的下面穿过，并在⑫提手卷编织带的背面涂上黏合剂，穿过之后拉紧。最后把⑫提手卷编织带在提手装饰编织带的边缘处裁掉。

提手制作完成。

37 按照步骤 29 ~ 36 的制作要领，再制作 1 个提手。

38 把提手放到侧面，按照编织带的穿插方法，在图中"1"处，把⑬编织提手的编织带的两端从外侧穿到内侧，一端按图中"2 ~ 8"的顺序把提手插进去进行编织。

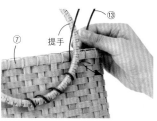

41 重复步骤 39、40

39 把提手穿进去，把⑬编织提手的编织带从⑦外缘编织带的下面自内侧穿到外侧。

40 把提手穿进去，把⑬编织提手的编织带从⑦外缘编织带的下面自内侧穿到外侧。

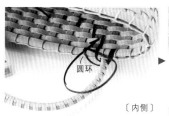

42 按照步骤 39 再穿一次。把编织带斜着穿到提手上。

43 穿过内侧的编织带。

44 穿过形成的圆环里，拉紧编织带。裁掉多余的部分，最后用黏合剂粘住。

45 步骤 38 中剩余的部分按照步骤 38 ~ 44 的制作要领，参照图片通过穿插编织带，安装提手。

46 按照步骤 38 ~ 45 的制作要领，在另一侧面通过穿插编织带安装另外一只提手。完成整个篮子的编织。

马尔凯提篮 彩图见第9页

●材料
HAMANAKA ECO CRAFT〔30m 卷〕No.102 白色 1 卷

●完成尺寸
约长 27cm、宽 13cm、高 20cm（不含提手）

●需要准备相应股数和根数的编织带
①横编织带……6 股宽 5 根 长 78cm
②横编织带……8 股宽 4 根 长 22cm
③竖编织带……6 股宽 13 根 长 64cm
④收尾编织带……6 股宽 2 根 长 7.5cm
⑤编织带……2 股宽 2 根 长 350cm
⑥插入编织带……6 股宽 8 根 长 28cm
⑦编织带……2 股宽 6 根 长 400cm
⑧编织带……3 股宽 4 根 长 430cm
⑨编织带……2 股宽 6 根 长 100cm
⑩锁边芯编织带……8 股宽 1 根 长 85cm
⑪锁边编织带……3 股宽 2 根 长 220cm
⑫编织带……2 股宽 6 根 长 100cm
⑬编织带……3 股宽 2 根 长 500cm
⑭编织带……2 股宽 6 根 长 100cm
⑮边缘处理编织带……6 股宽 1 根 长 152cm
⑯提手内用编织带……8 股宽 2 根 长 64cm
⑰提手外用编织带……8 股宽 2 根 长 65cm
⑱提手卷编织带……2 股宽 2 根 长 350cm

●平面裁剪图〔30m 卷〕

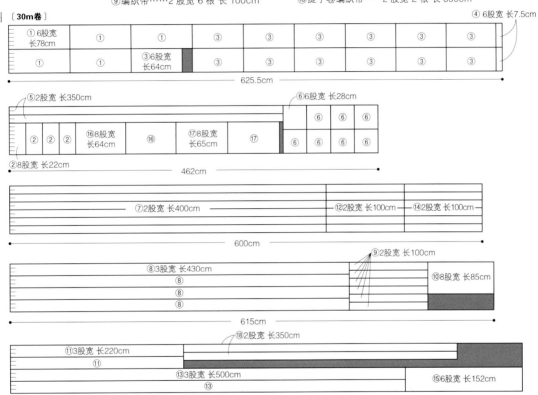

●编织方法 ※ 为了编织步骤清晰可见，编织时部分编织带的颜色会有所改变。

❖ 裁剪、分割环保编织带

1 参照"平面裁剪图"，裁剪、分割指定长度的编织带。分别在 2 根①②横编织带、2 根③竖编织带的中心处做上标记。

>> 参照第 22 页裁剪、分割环保编织带。

❖ 编织底部

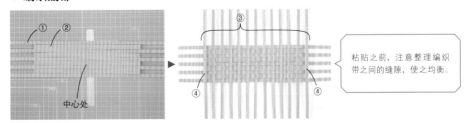

2 把 1 根①横编织带和另 1 根②编织带交替摆放，使中心处重合，注意不留缝隙。

>> 参照第 24 ~ 25 页竖款扁平提篮的步骤 2 ~ 10。

把③竖编织带、④收尾编织带如图粘贴上去。

粘贴之前，注意整理编织带之间的缝隙，使之均衡。

挑压编织

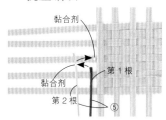
黏合剂
第1根
黏合剂
第2根
⑤

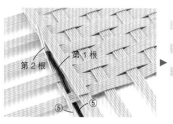
第2根
第1根
⑤

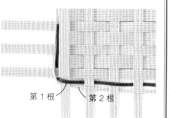
第1根
第2根
⑤

用第1根的编织带编织完一圈后，接着把第2根编织带穿到边缘一圈，这样后续编织会比较容易进行。

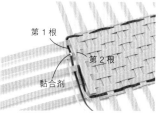
第1根
第2根
黏合剂

3 四周出来的编织带，成为竖编织带。如图把2根⑤编织带中的第1根的顶端粘贴到第2根上，然后错开与竖编织带交叉摆放。最后把第2根粘贴到底部左侧的竖编织带上（第2根的顶端先不要粘贴）。

4 如图⑤编织带中的第1根与竖编织带交叉摆放。⑤编织带中的第2根也是交叉摆放，但是交叉顺序不同。然后2根一起编织，第2根像是围绕着第1根似的进行编织。就这样编织完一圈，完成了第2行的编织。

5 第1圈（2行）编织完之后，把第1根编织带和第2根编织带的顶端黏合。

通过粘贴2根编织带，就不会留下缝隙，这样整体会比较好看。

⑤

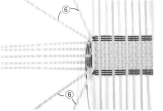
⑥
⑥

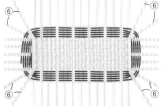
⑥
⑥
⑥
⑥

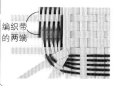
编织带的两端

在使用⑥插入编织带编织时，注意插进去时，使四角不留缝隙。

6 继续环形编织第3圈，共编织6行。然后处理好这2根编织带。

7 在⑥插入编织带的一端0.1cm处涂上黏合剂，于篮子的四角分别均衡地插入2根。

8 用步骤6中的2根编织带再环形编织2圈4行。之后裁掉多余的部分，顶端粘贴到竖编织带上。

❖ 编织侧面

竖编织带

用拇指和食指捏着，像是弄弯一样捋直。

9 使竖编织带朝内侧处于半圆形直立状态。

三根编织带的编织

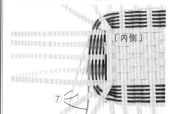
〔内侧〕
⑦
〔外侧〕

10 在3根相邻的竖编织带上涂上黏合剂。如图把涂有黏合剂的3根⑦编织带粘贴到3根竖编织带上，并且注意一根一根地错开粘贴。

11 编织时，外侧朝向编织者，如图把最左边的涂有黏合剂的编织带穿过2根竖编织带，从第3根竖编织带的后面拉出。

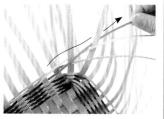

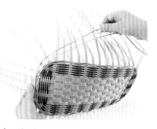

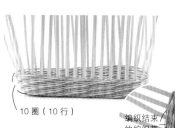
10圈（10行）
编织结束的编织带的一端

12 如图把中间涂有黏合剂的编织带穿过2根竖编织带，从第3根竖编织带的后面拉出。

13 如图把最右边的涂有黏合剂的编织带穿过2根竖编织带，从第3根竖编织带的后面拉出。

编织过程中，注意整理好编织带，避免其缠绕。

14 重复步骤11~13，直到一圈编织结束。

编织篮子四角的时候，注意竖编织带的V形状要保持均衡，其他的竖编织带之间注意整齐均衡即可。

15 使用⑦编织带编织10圈，其中编织带长度如果不够，需要连接新的⑦编织带。编织结束的编织带一端在编织开始的地方插进去，裁掉多余的部分，然后粘贴到编织网格的背面。

>> 连接编织带的方法参照第23页。

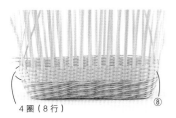

4圈（8行）⑧

16 用2根⑧编织带进行4圈挑压编织。

6圈（12行）

17 接着连接上新的⑧编织带，再织6圈。编织时，注意内侧稍微缩一下。裁掉多余的部分，把编织末端贴到编织网格的内侧。

1圈（1行）⑨

18 用⑨编织带进行1圈三根编织带的编织。编织结束的编织带一端在编织开始的地方插进去，裁掉多余的部分，然后和编织开始处的编织带黏合。

⑨

19 如图在3根相邻的竖编织带的内侧涂上黏合剂，把涂有黏合剂的3根⑨编织带粘贴上（参照步骤10）。

20 如图最左边的编织带跳过2根竖编织带，从第2根编织带和第3根竖编织带的中间穿过，从第3根竖编织带的后面拉出。

21 中间的编织带也跳过2根竖编织带，从第2根竖编织带和第3根竖编织带的中间穿过，再从第3根竖编织带的后面拉出。

22 最右边的编织带也跳过2根竖编织带，从第2根竖编织带和第3根竖编织带的中间穿过，再从第3根竖编织带的后面拉出。

23 重复步骤20～22，编织1圈。编织结束的编织带一端在编织开始的地方插进去，裁掉多余的部分，然后和编织开始处的编织带黏合。

⑩
⑪
空出0.5cm

24 把⑩锁边芯编织带和⑪锁边编织带用晒衣夹子固定到竖编织带上，其中如图所示边缘空出0.5cm。

⑩
⑪

25 把⑪锁边编织带如图缠到⑩锁边芯编织带上方的竖编织带上。

⑩
⑪

26 接着把⑪锁边编织带如图缠到⑩锁边芯编织带右下方的竖编织带上。

⑪
⑩

27 重复步骤25、26，编织1圈。⑩锁边芯编织带不需要裁掉直接缠上，把⑪锁边编织带编织开始与编织结束两端多余的部分裁掉，粘贴到篮子的内侧。

⑪

28 把另1根⑪锁边编织带按照步骤24～27的编织要领，与第1根⑪锁边编织带进行交叉缠上。

⑫

29 用⑫编织带进行1圈三根编织带的编织。再用⑫编织带进行1圈反向三根编织带的编织。之后，编织带编织结束的一端在编织开始的地方插进去，裁掉多余的部分，然后和编织开始处的编织带黏合。

⑬

30 用⑬编织带进行6圈挑压编织。之后裁掉多余的部分，编织带的两端粘贴到编织网格的背面。

6圈（12行）
⑭

31 用⑭编织带进行1圈三根编织带的编织。再用⑭编织带进行1圈反向三根编织带的编织。之后，裁掉多余的部分，编织带的两端粘贴到编织网格的背面。

31

❖ 处理边缘

竖编织带

32 把最后一行的竖编织带如图朝内侧折叠。

〔内侧〕

33 把竖编织带如图朝向最后的挑压编织下方的第1行的编织带插进去。

>> 参照第26页的竖款扁平提篮的步骤 18、19。

〔内侧〕
对齐编织带的顶端 ⑮ 0.5cm

34 在边缘内侧0.5cm处涂上黏合剂，用1根⑮边缘处理编织带缠2圈。其中在第1圈缠好后涂上黏合剂，接着缠第2圈。

❖ 安装提手

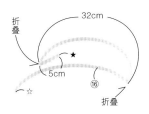

折叠 32cm
★ 5cm ⑯ 折叠
☆

35 把1根⑯提手内用编织带的2处如图折叠。

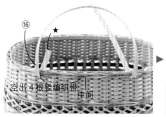

⑯
空出4根竖编织带
中间

36 把1根⑯提手内用编织带的两端如图从外侧穿到内侧。

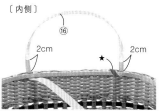

〔内侧〕
⑯
2cm ★ 2cm

在⑯提手内用编织带的背面从折痕处空出2cm，其他部分涂上黏合剂。

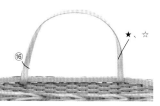

★ ☆
⑯

37 ★处都粘贴上，然后整体进行粘贴。

把☆和★处对齐之后，进行粘贴，之后整体进行粘贴。

⑯
☆
★

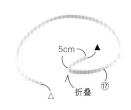

5cm ▲
⑰ 折叠 △

38 把1根⑰提手外用编织带的一端如图折叠。

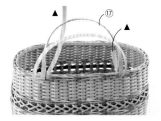

★ ⑰ ▲

39 在步骤36中穿过的⑯提手内用编织带位置处，把⑰提手外用编织带的两端如图从外侧穿到内侧。

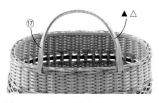

⑰ ▲ △

40 在⑰提手外用编织带的背面全涂上黏合剂，从▲一侧像是把⑯提手内用编织带插进去一样，开始进行粘贴。裁掉△一侧多余的部分。

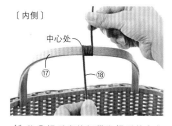

〔内侧〕
中心处
⑰ ⑱

41 将⑱提手卷编织带和提手的中心处对齐，朝向两端，注意不留缝隙，进行缠绕。

如果从顶端开始缠绕，有可能编织带过长，不容易缠绕。所以从中间开始缠绕比较容易进行。

⑱

42 缠绕结束的一端穿进⑯提手内用编织带的最下面的圈里，在⑱提手卷编织带的内侧涂上黏合剂，拉伸后，多余的部分裁掉。

通过用力一拉，可以把编织带一端隐藏到里面。

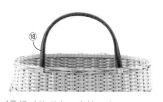

⑱

43 提手的剩余一半按照步骤41、42的要领，缠上⑱提手卷编织带，之后裁掉多余的部分。

约13cm
约20cm
约27cm

44 另一只提手按照步骤35～43进行编织，安装到另一侧面，编织完成。

a

b

Ajiro bag

简约风提篮 彩图见第 4 页

●材料
a/HAMANAKA ECO CRAFT〔5m卷〕No.8 黄色 9 卷、No.30 橙色 2 卷
b/HAMANAKA ECO CRAFT〔30m卷〕No.128 蓝紫色 1 卷,〔5m卷〕No.28 蓝紫色 3 卷、No.2 白色 2 卷

●完成尺寸
约长 33cm、宽 13.5cm、高 24cm（不含提手）

●需要准备相应股数和根数的编织带 ※除指定以外,a 是黄色,b 是蓝紫色。

①横编织带……12 股宽 9 根 长 94cm
②竖编织带……12 股宽 23 根 长 74cm
③编织带（a 橙色、b 白色）……12 股宽 8 根 长 96cm
④编织带……12 股宽 9 根 长 96cm

⑤收尾编织带……12 股宽 1 根 长 97cm
⑥提手内用编织带……8 股宽 2 根 a 长 80cm b 长 106cm
⑦提手外用编织带……8 股宽 2 根 a 长 81cm b 长 107cm
⑧提手卷编织带……2 股宽 2 根 a 长 420cm b 长 560cm

●平面裁剪图 a〔5m卷〕（黄色）、b〔30m卷〕（蓝紫色）

※ 基本为 b,〈 〉为 a。除指定以外为共用。

■=多余部分

| ①12股宽 长94cm | ① | ① | ① | ① |
470cm

| ① | ① | ① | ① | ②12股宽 长74cm |
450cm

| ② | ② | ② | ② | ② | ② | ×3根 |
444cm

| ② | ② | ② | ② | ④12股宽 长96cm | ⑤12股宽 长97cm |
489cm

| ④ | ④ | ④ | ④ | ×2根 |
384cm

| ⑥8股宽 长106〈80〉cm | ⑥ | ⑦8股宽 长107〈81〉cm | ⑦ | |
⑧2股宽 长560〈420〉cm
560〈420〉cm

〔5m卷〕a（橙色）、b（白色）

| ③12股宽 长96cm | ③ | ③ | ③ | ③ |
480cm

| ③ | ③ | ③ |
288cm

● 编织方法
※ 基本为 b，〈 〉为 a。除指定以外为共用。

❖ 裁剪、分割环保编织带

1　参照"平面裁剪图"，裁剪、分割指定长度的编织带。分别在①横编织带、②竖编织带的中心处做上标记。

>> 参照第 22 页裁剪、分割环保编织带。

❖ 编织底部

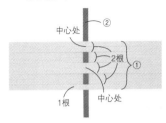
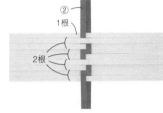
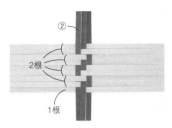

2　把 9 根①横编织带的中心处对齐如图摆放。再把 1 根②竖编织带穿过其中心处。

>> 参照第 24 页的竖款扁平提篮的编织步骤 2。

> 穿入时注意把 2 竖编织带的中心处的标记和 9 根 1 横编织带的中心处上下对齐。之后的 2 竖编织带也同样如此。

3　在步骤 2 中的②竖编织带的左侧如图穿过 1 根②竖编织带。

4　在步骤 3 中的②竖编织带的左侧如图穿过 1 根②竖编织带。

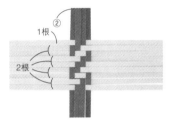
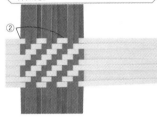
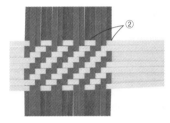
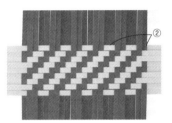

5　在步骤 4 中的②竖编织带的左侧如图穿过 1 根②竖编织带。这样就完成了 1 个编织花样。

6　继续穿过 8 根②竖编织带，完成 2 个编织花样。

7　然后在中心处穿过的②竖编织带的右侧，按照步骤 5、4、3、2 的顺序穿入 4 根②竖编织带。

8　按步骤 7 的要领再穿入 4 根②竖编织带，然后剩下的 3 根②竖编织带按步骤 5、4、3 的顺序穿入。

❖ 编织侧面

9　分别粘贴好四角。

10　把底部翻过来，让四周的编织带竖起来。竖起的编织带成为竖编织带。

>> 参照第 25 页竖款扁平提篮的编织步骤 11。

11　把 1 根③编织带和 2 根外侧的竖编织带以及 2 根内侧的竖编织带如图交叉摆放。

12　1 圈（1 行）交叉穿入摆放之后如图。把③编织带的两端黏合。留出长约 3cm 的窝边。

> 注意两端的连接处尽量放在内侧，这样从表面就看不到了，整体上较为美观好看。

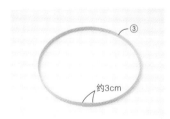

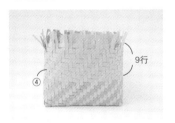

13　剩下的③编织带、④编织带的两端分别留出长约 3cm 的窝边重叠黏合，分别使之成为圆环。

14　如图像前一行一样，把步骤 13 中做成圆环的 1 根③编织带穿进去。注意与 2 根外侧的竖编织带和 2 根内侧的竖编织带交叉摆放。和步骤 12 一样注意把两端连接处错开隐藏好。

> 把③编织带围住所有的竖编织带，然后间隔 2 根拉到外侧，这样容易进行编织。

15　把剩下的③编织带按照步骤 14 的编织要领，编织 8 行。

> 编织第 3、4 行时注意用手指把好编织带，使编织带之间不留缝隙，之后用晒衣夹子固定。

>> 参照第 26 页竖款扁平提篮的编织步骤 16。

16　然后把 9 根④编织带也按照步骤 14 的编织要领进行编织。

❖ 处理边缘

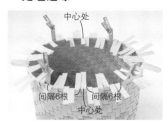

17 用晒衣夹子固定要安装提手的4处位置的竖编织带。其他没有固定的竖编织带如图在最后一行的编织带处分别朝内侧、外侧折叠。

18 把朝外侧折叠的竖编织带如图插进边缘最近处的编织带里。

>> 参照第26页竖款扁平提篮的编织步骤18、19。

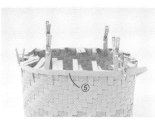

19 把⑤收尾编织带绕着边缘缠绕半圈,然后用晒衣夹子固定。

20 参照步骤18,把朝内侧折叠的竖编织带,再折向外侧,像是围住⑤收尾编织带一样,然后插进外侧的编织带里。剩下的半圈也按照同样的编织要领进行编织。

如果将⑤收尾编织带缠绕一圈再把竖编织带插进去,容易松动。所以采用半圈半圈地进行编织。

21 要安装提手的2根竖编织带处(参照步骤20的♡),顶端分别松开1行或者2行的长度。

22 把♡处的编织带的顶端◇处分别插入上方的编织带的缝隙里。

23 然后继续插入侧面内侧编织带的缝隙里。剩下的要安装提手的2根竖编织带也分别折向侧面内侧、插入编织带的缝隙里。

❖ 安装提手

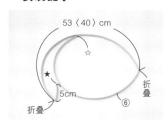

24 在1根⑥提手内用编织带的2处进行折叠。

25 把1根⑥提手内用编织带的两端从外侧穿进内侧。⑥提手内用编织带背面折痕的两边分别空出3cm,其余部分涂上黏合剂。

>> 参照第32页马尔凯提篮的编织步骤36、37。

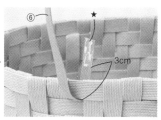

26 粘贴★处,之后对齐编织带的★、☆处粘贴,最后整体进行粘贴。

27 用手摁住折痕的两边,使其呈如图的形状。

28 把1根⑦提手外用编织带的一端如图进行折叠。

29 在步骤25中穿过的⑥提手内用编织带位置处,把⑦提手外用编织带的两端如图从外侧穿入内侧。把⑦提手外用编织带的背面全涂上黏合剂,从▲一侧像是把⑯提手内用编织带插进去一样,开始进行粘贴。之后把△一侧多余的裁掉。

>> 参照第32页马尔凯提篮的编织步骤39、40。

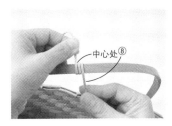

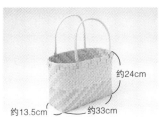

约24cm

约13.5cm   约33cm

30 将⑧提手卷编织带和提手的中心处对齐，朝向两端，注意不留缝隙进行缠绕。缠绕结束的一端穿进⑥提手内用编织带的最下面的圈里，在⑧提手卷编织带的内侧涂上黏合剂，拉伸后，多余的部分裁掉。

>> **参照第32页马尔凯提篮编织步骤、。**

31 提手的剩余一半按照步骤30的要领，缠上⑧提手卷编织带，之后裁掉多余的部分。

32 另1只提手按照步骤24~31进行编织，安装到另一侧面，编织完成。

北欧风收纳筐 彩图见第8页

Hokuo kago

● 材料
HAMANAKA ECO CRAFT〔10m 卷〕No.413 土灰色 小款 1 卷、大款 2 卷

● 完成尺寸
小款长 22cm、宽 13.5cm、高 8.5cm
大款长 25.5cm、宽 17cm、高 13cm

● 需要准备相应股数和根数的编织带 ※ 基本为小款、〈 〉为大款。所有的编织带都是 24 股宽。
①编织带……4 根 长 55〈77〉cm   ④编织带……4 根 长 40〈62〉cm
②编织带……4 根 长 52〈74〉cm   ⑤编织带（仅限大款）……4 根 长〈56〉cm
③编织带……4 根 长 46〈68〉cm

● 编织方法
※ 基本为小款，〈 〉为大款。除指定以外为共用。

❖ **裁剪、分割环保编织带**

1 参照"需要准备相应股数和根数的编织带"裁剪、分割指定长度的编织带。在①编织带的中心处做上标记。

>> **参照第22页裁剪、分割环保编织带。**

❖ **编织底部**

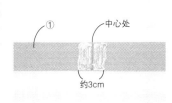

①   中心处

约3cm

2 在 1 根①编织带的中心处，涂上长约 3cm 的黏合剂。

①

3 把另 1 根①编织带与上 1 根①编织带如图十字交叉，中心处对齐并粘贴。剩下的 2 根①编织带的中心处也按照同样的步骤进行编织。

中心处

竖着摆放的编织带放在上面，进行交叉。对齐之后用晒衣夹子固定。

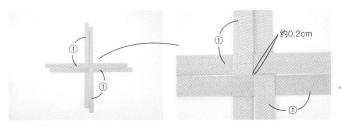

约0.2cm

喷雾处理后会有水分留下，这
样编织带比较容易整理。上下
左右的编织带注意不能过于接
近，稍微调整其间距。
②③④（大款也包括⑤在内）
编织带十字交叉粘合，通过喷
雾处理，使编织带的间距为
0.2cm，不断重复此步骤。难
以摆放时，使用晒衣夹子固定
后再进行编织。

4 把十字交叉后的2对编织带如图
交叉摆放。编好的部分进行喷雾处理，
之后整理一下，使其之间的缝隙约为
0.2cm。

对齐编织带
的顶端

对齐编织
带的顶端

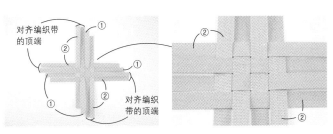

5 把4根②编织带分别沿着①编织
带如图交叉摆放进行编织。

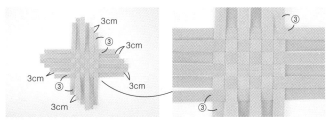

3cm 3cm 3cm 3cm 3cm 3cm

6 把4根③编织带分别沿着②编织
带如图交叉摆放进行编织，注意使②
编织带的顶端稍微错开3cm。

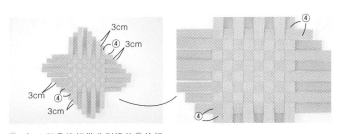

3cm 3cm 3cm 3cm

7 把4根④编织带分别沿着③编织
带如图交叉摆放进行编织，注意使③
编织带的顶端稍微错开3cm。

大款篮子编织时，请注意：

把4根⑤编织带分
别沿着④编织带如
图交叉摆放进行编
织，注意使④编织
带的顶端稍微错开
3cm。

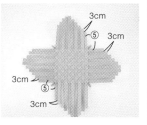

3cm 3cm 3cm 3cm

❖ **编织侧面**

13.5
〈17〉cm

22〈25.5〉
cm

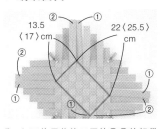

8 如图格子花纹四周的①②编织带
的4处作为4个角，使之成为长方形，
并贴上遮蔽胶带，成为筐篓的底部。

9 其中1处遮蔽胶带的外侧通过尺
子固定，使编织带竖起，折出折痕。

如图从外侧用手掌往下摁，
折好后，抽掉尺子，沿着
折痕继续折叠。

10 其他3处遮蔽胶带的外侧也按照
以上的步骤进行折叠。

格子花纹编织完成后，作为4个角
的地方分别用晒衣夹子固定，这样
比较容易进行编织。

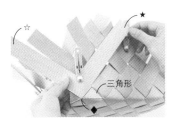

11 捏住与筐子底部的顶角◆相邻的编织带★和☆，使之如图呈现三角形。把顶角◆左侧的编织带☆（右侧的编织带★）放到上面，重叠部分用晒衣夹子固定。剩下的3个顶角处也按照同样的方法进行固定。

12 把顶角◆右侧的编织带★（左侧的编织带☆），从顶角处往右侧（左侧）的编织带上进行交叉编织。

13 顶角◆左侧的编织带☆（右侧的编织带★）也按照步骤12的编织要领进行交叉编织。

14 ★和☆相邻的编织带按照步骤12、13的编织要领也进行交叉编织。

15 剩下的顶角也按照步骤11～14的编织要领进行编织。如图使外侧前2行（3行）的编织带通过喷雾处理均朝向右上方。编织带之间的缝隙整理成为0.2cm。

每一个侧面均从中间进行整理，使其平整。

16 把朝向右上方的编织带，从编织结束的一端沿着编织网格，斜着折向左下方。

17 把顶端插进向下第3行（第2行）的编织网格里。

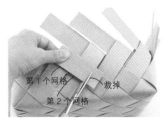

18 按照步骤16、17的编织要领，所有朝向右上方的编织带，从编织结束的一端沿着编织网格，斜着折向左下方，插进编织网格里。

19 所有朝向左上方的编织带，从编织结束的一端沿着编织网格，斜着折向右下方，插进编织网格里。然后如图多于2个（3个）编织网格的宽度部分需要裁掉。

20 把顶端插进向下第2行的编织网格里（跨过向下第1行的编织网格，一直穿到第3行的编织网格里）。

21 按照步骤20的编织要领，所有编织带的顶端均折叠插进编织网格里。

约8.5〈13〉cm
约13.5〈17〉cm
约22〈25.5〉cm

\ 还可以这样做！ /

把环保编织带的宽度从 12 股变成 24 股的方法

※ 为了编织步骤清晰，采用不同颜色的编织带，实际编织过程中是相同颜色的编织带。

❶ 在桌子或者切割垫上贴上双面胶，固定1根编织带。另1根编织带的长边涂上黏合剂。

❷ 把2根编织带并列摆放好，注意使黏合剂务必粘住2根编织带的边缘，晾干后，从双面胶上揭下来即可。

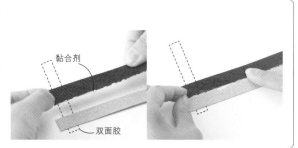

黏合剂

双面胶

菱形花纹底收纳盘 彩图见第 16 页

●材料
HAMANAKA ECO CRAFT 宽款〔10m 卷〕No.413 土灰色 1 卷

●完成尺寸
约长 24cm、宽 15cm、高 3cm（不含提手）

●需要准备相应股数和根数的编织带
①编织带……24 股宽 4 根 长 35cm
②编织带……24 股宽 4 根 长 28cm
③编织带……24 股宽 4 根 长 21cm
④编织带……24 股宽 4 根 长 14cm
⑤边缘外用编织带……24 股宽 1 根 长 80cm
⑥提手编织带……6 股宽 2 根 长 51cm
⑦边缘处理编织带……2 股宽 2 根 长 78cm
⑧边缘内用编织带……19 股宽 1 根 长 78cm

Hishigata tray

●平面裁剪图

〔10m 卷〕

③24股宽 长21cm　④24股宽 长14cm

■=多余部分

⑦2股宽 长78cm

① ① ① ②24股宽 长28cm ② ② ②

⑤24股宽 长80cm

⑥6股宽 长51cm

⑥

⑧19股宽 长78cm

①24股宽 长35cm

601cm

●编织方法

❖ 裁剪、分割环保编织带

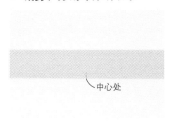

1 参照"平面裁剪图"，裁剪、分割指定长度的编织带。分别在①②③④编织带的中心处做上标记。

>> 参照第 22 页裁剪、分割环保编织带。

❖ 编织底部

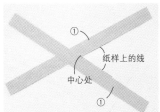

中心处　纸样上的线　中心处　①

2 把 2 根①编织带沿着纸样放置，对齐中心处贴上，然后揭掉纸样。

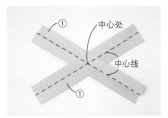

中心处　①　中心线　①

3 把另 2 根①编织带沿着步骤 2 中的编织带放置，中心处对齐，交叉放置。如图相邻 2 根编织带之间的部分成为中心线。

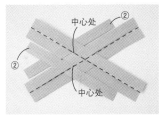

中心处　②　②　中心处

4 把 2 根②编织带分别沿着①编织带放置，编织带的中心处对齐中心线，交叉放置进行编织。

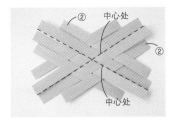

② 中心处　②

5 把另 2 根②编织带分别沿着①编织带放置，编织带的中心处对齐中心线，交叉放置进行编织。

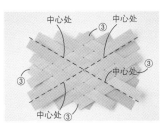

中心处　中心处　③　③　中心处　③

6 把 4 根③编织带分别沿着②编织带放置，编织带的中心处对齐中心线，交叉放置进行编织。

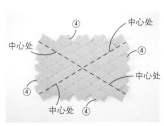

中心处　中心处　④　④　中心处　④　中心处

7 把 4 根④编织带分别沿着③编织带放置，编织带的中心处对齐中心线，交叉放置进行编织。

菱形花纹底收纳盘的纸样

中心处对齐

❖ **处理边缘**

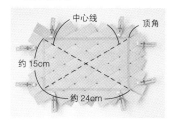

8 如图编织好部分的顶端以及和中心线交叉的位置作为底部的四角，贴上遮蔽胶带，使之成为长方形，作为菱形花纹底收纳盘的底部。

9 贴上遮蔽胶带的四边的编织带，使其竖起，折出折痕。

10 四角分别涂上黏合剂，进行固定。

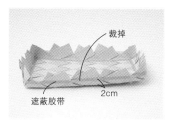

11 距离底部 2cm 的位置贴上遮蔽胶带，然后裁掉多余的部分。

>> **参照第 68 页北欧风带盖套篮的编织步骤** 10、11。

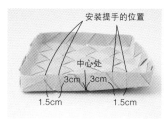

12 如图在 2 个短边处分别标出安装提手的位置。

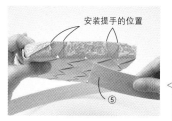

13 安装提手以外的地方均涂上黏合剂，然后粘上一圈⑤边缘外用编织带，粘贴结束的部分重叠黏合。

把底部和⑤边缘外用编织带的下边重合，粘贴时注意使边缘尽可能垂直向上

❖ **安装提手**

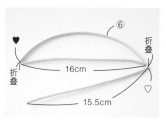

14 把 1 根⑥提手编织带的 2 处进行折叠。

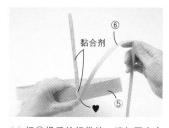

15 把⑥提手编织带的一端如图在安装提手位置处，从外侧穿到内侧。⑥提手编织带的背面和⑤边缘外用编织带均涂上黏合剂，从折痕的♥处进行粘贴。

>> **参照第 32 页马尔凯提篮的编织步骤** 36、37。

16 把⑥提手编织带的另一端如图在安装提手位置处，从外侧穿到内侧。⑥提手编织带的背面和⑤边缘外用编织带均涂上黏合剂，从折痕的♡处进行粘贴。编织带的两端对接好后，裁掉多余的部分。

17 另一只提手也按照步骤 14～16 进行编织，安装到另一侧。

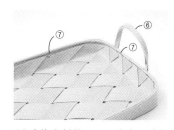

18 边缘内侧的 0.3cm 处涂上黏合剂，粘上一圈⑦边缘处理编织带。注意⑥提手编织带的位置处可不粘贴，但是提手之间的部分要粘贴。

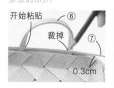

在⑥提手编织带之间的部分粘贴前，先在提手处做上标记，完成之后，裁掉多余的部分。

开始粘贴
裁掉
0.3cm

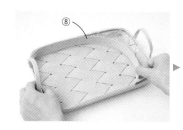

19 侧面内侧全部涂上黏合剂。粘上一圈⑧边缘内用编织带，粘贴结束的部分重叠黏合。

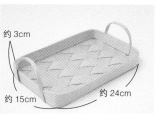

圆形底收纳筐 彩图见第 14 页

Maruzoko kago

● 材料
HAMANAKA ECO CRAFT〔30m 卷〕No.126 暗红色或者 No.102 白色 1 卷
HAMANAKA ECO CRAFT〔5m 卷〕No.13 土灰色 2 卷

● 完成尺寸
约底部直径 18.5cm、高 24cm（不含提手）

● 需要准备相应股数和根数的编织带　　※ 除指定以外用暗红色或者白色。

①竖编织带……6 股宽 8 根 长 80cm
②编织带……2 股宽 2 根 长 620cm
③插入编织带……6 股宽 16 根 长 38cm
④编织带……4 股宽 4 根 长 725cm
⑤编织带（土灰色）……2 股宽 6 根 长 490cm

⑥提手编织带（土灰色）……6 股宽 4 根 长 28cm
⑦提手芯编织带（土灰色）……6 股宽 2 根 长 5cm
⑧提手卷编织带（土灰色）……2 股宽 2 根 长 175cm
⑨边缘处理编织带（土灰色）……8 股宽 1 根 长 156cm
⑩丝带……2 股宽 2 根 长 60m

● 平面裁剪图

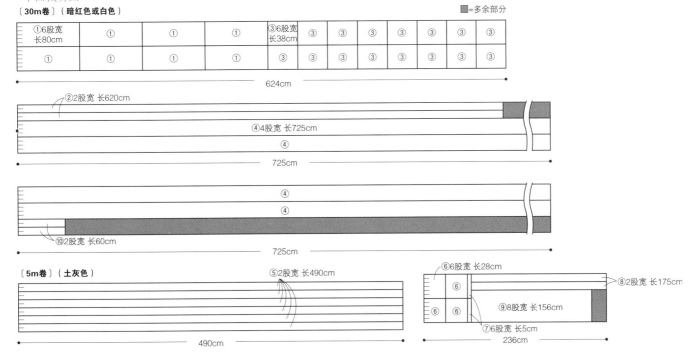

● 编织方法

❖ 裁剪、分割环保编织带

1　参照"平面裁剪图"，裁剪、分割指定长度的编织带。在①竖编织带的中心处做上标记。
>> 参照第 22 页裁剪、分割环保编织带。

❖ 编织底部

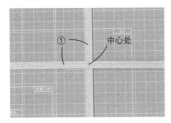

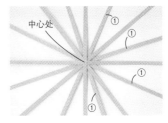

2　把 1 根①竖编织带的中心处涂上长约 0.7cm 的黏合剂，把另 1 根①竖编织带的中心处与之齐十字交叉摆放，剩下的 6 根①竖编织带也按照同样的要领进行编织。

3　把 2 组十字交叉的编织带如图摆放粘贴，注意使编织带之间的缝隙均匀。

4　再把 2 组十字交叉的编织带如图摆放粘贴，也要注意使编织带之间的缝隙均匀。

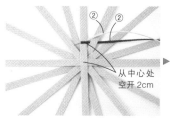

从中心处
空开2cm

5 在相邻的2根①竖编织带上涂上黏合剂，把2根②编织带分别从顶端进行粘贴。

>> **挑压编织参照第30页马尔凯提篮的编织步骤5～5。**

进行1圈（2行）挑压编织。

6 继续用②编织带进行5圈（10行）挑压编织。编织结束之后2根②编织带暂时如图摆放。

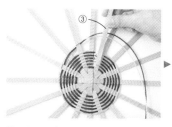

插入编织带部分也需要进行挑压编织。

7 在1根③插入编织带上涂上黏合剂，将其插到①竖编织带之间的缝隙里，粘贴上。黏合剂要涂在编织带内侧。

剩下的③插入编织带按照步骤7的编织要领进行编织。

8 使用步骤6中的②编织带进行10圈（20行）挑压编织，之后裁掉多余的部分，顶端粘贴到竖编织带的内侧。

❖ **编织侧面**

用拇指和食指夹住，轻轻地往上持。

9 使圆形底部周围的编织带垂直朝上，成为竖编织带。

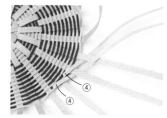

④编织带的顶端稍微往下插，斜着粘贴，这样编织带之间就不会出现缝隙，整体会比较美观。

10 在相邻的2根竖编织带上涂上黏合剂，把2根④编织带分别错开1根竖编织带进行粘贴。

外围约长
69cm

10圈
（20行）

④

11 挑压编织10圈（20行）时，稍微往外侧扩展地进行编织。

>> **连接编织带的方法参照第23页。**

外围约长
76.5cm

10圈
（20行）

④

12 连接④编织带之后继续进行挑压编织10圈（20行），稍微往外侧扩展地进行编织。裁掉多余的部分，顶端粘贴到竖编织带的背面。

外围约长
82cm

12圈
（12行）

⑤

13 连接⑤编织带，进行三根编织带的编织12圈（12行），注意稍微往外侧扩展地进行编织。裁掉多余的部分，顶端粘贴到竖编织带的背面。

>> **三根编织带的编织参照第30页马尔凯提篮的编织步骤10～13。**

第1行使用底部的②编织带和编织带进行交叉编织。向外侧扩展编织时，编织完一圈，手持底部轻轻提住往外翻，注意使竖编织带之间反复扩展时保持柔韧性。

❖ 安装提手

安装提手的竖编织带，不要选择③插入编织带，要选择竖编织带。把提手安装到从底部中心处延伸出来的竖编织带上，可以增加其强度。

14 用晒衣夹子固定4处需要安装提手的竖编织带。没有被固定的竖编织带，包围住最后一行的编织带，朝里内折。

15 把往内侧折的竖编织带向下插进侧面内侧的编织带缝隙里。

>> 参照第26页竖款扁平提篮的编织步骤 18、19。

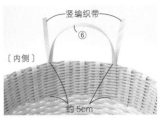

16 把1根⑥提手编织带的两端分别插进安装提手位置处的竖编织带的底部，大约插进5cm。

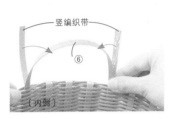

17 在竖编织带上涂上黏合剂，把⑥提手编织带粘贴上。

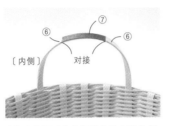

18 在⑦提手芯编织带上涂上黏合剂，和⑥提手编织带对接、粘贴。裁掉多余的部分。

19 在步骤16中插⑥提手编织带的位置里，再把1根⑥提手编织带的一端插进5cm左右。在第1根⑥提手编织带的背面涂上黏合剂，与第2根黏合。多余的部分继续插进竖编织带的安装提手的位置处。

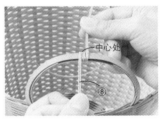

20 把⑧提手卷编织带和提手的中心处对齐、固定，一侧朝向边缘，紧紧地缠绕。

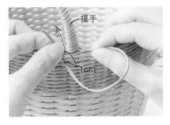

21 缠绕结束后，把顶端从外侧插进距边缘1cm处的插提手编织带的编织缝隙里。

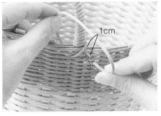

22 斜着渡线，从外侧把顶端穿进边缘1cm处的插提手编织带的编织缝隙内侧。

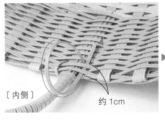

23 在内侧穿进长约1cm的编织带后，裁掉多余的部分，把顶端粘贴到编织带上。

❖ 处理边缘

24 提手剩下的另一半按照步骤20～23的编织要领进行编织，缠绕⑧提手卷编织带。

25 另一只提手也按照步骤16～24的编织要领进行编织，把提手安装到另一侧。

26 在边缘内侧1cm处涂上黏合剂，用⑨边缘处理编织带贴上2圈，第2圈贴到涂有黏合剂的第1圈上。

27 把2根⑩丝带对整齐，穿到自己喜欢的竖编织带上，系上蝴蝶结。

43

Mutsume bag

六角眼提篮 彩图见第 6 页

● 材料

HAMANAKA ECO CRAFT〔30m 卷〕No.115 咖啡色 1 卷

● 完成尺寸

约长 25cm、宽 9.5cm、高 26cm（不含提手）

● 需要准备相应股数和根数的编织带

① 横编织带……6 股宽 4 根 长 100cm
② 斜编织带……6 股宽 16 根 长 120cm
③ 编织带……6 股宽 8 根 长 100cm
④ 边缘外用编织带……8 股宽 1 根 长 70cm
⑤ 边缘内用编织带……8 股宽 1 根 长 67cm
⑥ 提手内用编织带……8 股宽 2 根 长 63cm
⑦ 提手外用编织带……8 股宽 2 根 长 64cm
⑧ 提手卷编织带……2 股宽 2 根 长 330cm
⑨ 锁边编织带……1 股宽 1 根 长 300cm

● 平面裁剪图

〔**30m 卷**〕

①6股宽 长100cm	①	②6股宽 长120cm	②	②	②	②
①	①	②	②	②	②	②

800cm

②	②	②	③6股宽 长100cm	③	③	③
②	②	②	③	③	③	③

760cm

④8股宽 长70cm	⑤8股宽 长67cm	⑥8股宽 长63cm	⑥	⑦8股宽 长64cm	⑦	
⑧2股宽 长330cm					⑨1股宽 长300cm	

630cm

● 编织方法

❖ **裁剪、分割环保编织带**

1 参照"平面裁剪图"，裁剪、分割指定长度的编织带。分别在①横编织带、②斜编织带、③编织带的中心处做上标记。

>> 参照第 22 页裁剪、分割环保编织带

❖ **编织底部**

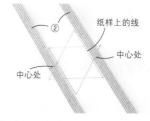

2 把 2 根②斜编织带沿着纸样放置，中心处对齐。

用镇石或砝码压住编织带的顶端，便于编织。

3 在步骤 2 的基础上，把另 2 根②斜编织带也沿着纸样放置，中心处对齐，并使其位于步骤 2 中的 2 根编织带上面。

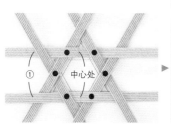

4 把 2 根①横编织带如图进行六角眼编织。在●处涂上黏合剂，把编织带黏合。然后把纸样揭掉。

六角眼编织

把第 3 根 1 编织带挬住穿过去，编织的时候，从左上的编织带的下方穿过，然后从右上的编织带的上方穿过。

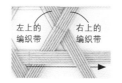

左上的编织带　右上的编织带

六角眼提篮的纸样

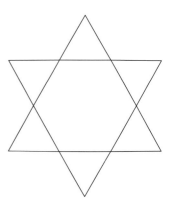

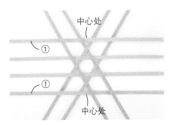

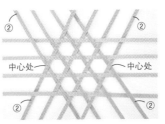

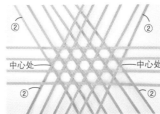

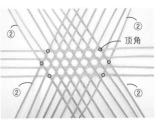

5 把2根①横编织带如图进行六角眼编织。

6 把4根②斜编织带如图进行六角眼编织。

7 把另4根②斜编织带如图进行六角眼编织。

8 把另4根②斜编织带如图进行六角眼编织。顶角的(○处)位置涂上黏合剂，把编织带黏合。这样就完成了六角形的底部编织。

> 对齐黏合前，编织带之间按照纸样的六角形尽可能地向一起靠拢。

❖ 编织侧面

9 用尺子使四周的编织带竖起。

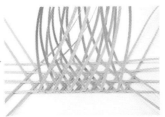

> 相对于篮子底部，尽可能地垂直竖起。

10 把侧面长边中心处竖起交叉的2根②斜编织带和1根③编织带的中心处对齐，用晒衣夹子固定。把③编织带朝右、与底部平行的方向进行六角眼编织。

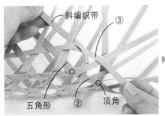

11 顶角的部分通过把③编织带和②斜编织带进行交叉编织形成五角形，侧面短边同样进行六角眼编织。

> 注意顶角部分一定要编织成五角形的形状。

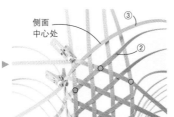

12 从步骤10的中心处朝左，按照步骤10、11一直到侧面的短边中心处，进行六角眼编织。

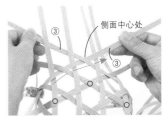

13 侧面、第1行剩下的一半也按照步骤10～12的编织要领，进行六角眼编织。

14 第2行按照步骤10～13的编织要领，在与第1行平行的方向进行六角眼编织，编织到侧面的中心处，使顶角的部分成为六角形。

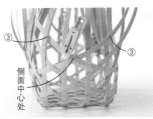

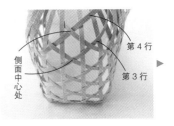

15 第3、4行也按照步骤10～13的编织要领进行六角眼编织，编织到侧面的中心处，使顶角的部分成为六角形。

第4行

第3行

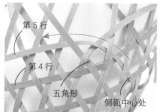

第5行

第4行

五角形

侧面中心处

16 编织第5行时，使用编织第3行侧面短边中心处的编织带，在与第4行平行的方向进行六角眼编织，使顶角的部分成为六角形。

注意顶角部分一定要编织成五角形

第5行

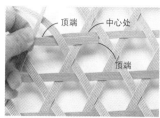

顶端

中心处

顶端

17 相反一侧短边中心处的编织带也按照步骤16的编织要领进行六角眼编织，然后在中心处把编织带重叠，处理其顶端。

第6行

18 编织第6行时，使用编织第4行的编织带，按照步骤16、17的编织要领，在与第5行平行的方向进行六角眼编织，使顶角的部分成为六角形。

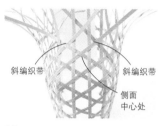

斜编织带

斜编织带

侧面中心处

19 编织第7行时，使用编织第6行侧面短边中心处的编织带和其上方的斜编织带，在与第6行平行的方向进行六角眼编织，使顶角的部分成为六角形。

中心处

第7行

20 相反一侧短边中心处的编织带也按照步骤19的编织要领进行六角眼编织，然后在中心处把编织带重叠，处理其顶端。

第9行

第8行

21 第8、9行也按照步骤19、20的编织要领进行编织。

22 尽可能地参照纸样，整理六角形，使编织带之间的缝隙均匀整齐。

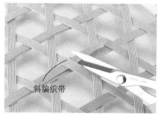

斜编织带

23 外侧出来的编织带沿着斜编织带整理，然后裁掉多余的部分。

24 在步骤23重叠的编织带顶端涂上黏合剂，粘贴。

❖ **处理边缘**

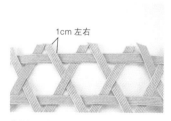

1cm 左右

25 侧面短边以外的编织带留出1cm左右后，裁掉多余的部分。

对齐编织带的顶端

④

侧面中心处

26 把④边缘外用编织带和第9行编织带的顶端对齐，围绕侧面缠上1圈，用晒衣夹子固定。沿着④边缘外用编织带，在侧面的编织带上做上标记。

27 沿着标记，裁掉多余的部分。

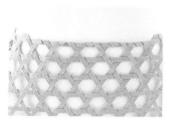

28 短边侧面以外的编织带顶端，像是包围着第9行的编织带一样，分别朝外侧、内侧折叠，用黏合剂粘贴。

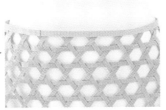

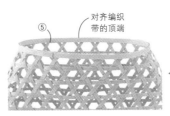

对齐编织带的顶端
0.7cm
④

对齐编织带的顶端
⑤

涂黏合剂之前，把⑤边缘内用编织带卷起来用晒衣夹子固定，这样比较容易粘贴。
⑤

29 边缘外侧 0.7cm 处涂上黏合剂，用④边缘外用编织带粘一圈。

将开始端和结束端重叠黏合。

30 边缘内侧 0.7cm 处涂上黏合剂，用⑤边缘内用编织带粘贴一圈。将开始端和结束端重叠黏合。

❖ **安装提手**

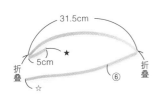

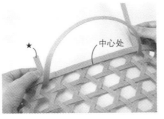

31.5cm
5cm
折叠
⑥
折叠
★
☆

★
中心处

★
☆

31 在 1 根⑥提手内用编织带的两处进行折叠。

32 把 1 根⑥提手内用编织带的两端从外侧穿到内侧。在⑥提手内用编织带背面涂上黏合剂，粘贴★处。
>> 参照第 32 页马尔凯提篮的编织步骤 36、37。

33 对齐编织带的★和☆处并粘贴，最后整体进行粘贴。

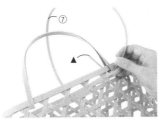

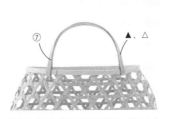

⑦
5cm
折叠
▲
△

⑦
▲

⑦
▲、△

中心处
⑧

34 把 1 根⑦提手外用编织带的一端如图进行折叠。

35 在步骤 32 中穿过的⑥提手内用编织带位置处，把⑦提手外用编织带的两端如图从外侧穿到内侧。

36 在⑦提手外用编织带的背面全涂上黏合剂，从▲一侧像是把⑥提手内用编织带插进去一样，开始进行粘贴。之后把△一侧多余的部分裁掉。

37 把⑧提手卷编织带和提手的中心处对齐，朝向两端，注意不留缝隙，进行缠绕。
>> 参照第 32 页马尔凯提篮的编织步骤 41～43。

❖ **进行边缘的锁边编织**

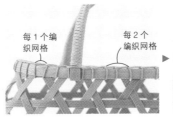

每 1 个编织网格
每 2 个编织网格

约 26cm
约 9.5cm
约 25cm

缠绕结束的一端穿进⑥提手内用编织带的最下面的圈里，在⑧提手卷编织带的内侧涂上黏合剂，拉伸后，裁掉多余的部分。

38 提手的剩余一半按照以上的编织要领，缠上⑧提手卷编织带，之后裁掉多余的部分。另一只提手按照步骤 31～38 进行编织，安装到另一侧面。

39 在边缘处使用⑨锁边编织带进行边缘的锁边编织。竖编织带之间缝隙比较大的每 2 个编织网格、缝隙小的每 1 个编织网格进行 1 次锁边编织。
>> 参照第 27 页竖款扁平提篮的编织步骤 23～28。

完成。

北欧风提筐 彩图见第 15 页

Hokuo handle kago

● **材料**

HAMANAKA ECO CRAFT〔5m 卷〕No.1 米色 2 卷

● **完成尺寸**

约长 11.5cm、宽 5cm、高 11.5cm（不含提手）

● **需要准备相应股数和根数的编织带**

①编织带……12 股宽 6 根 长 53cm ③编织带……12 股宽 4 根 长 48cm
②编织带……12 股宽 4 根 长 51cm ④提手编织带……6 股宽 4 根 长 60cm

● **平面裁剪图**

〔5m 卷〕

①12股宽长53cm	①	①	①	①	①	②12股宽长51cm	②	②

471cm

②12股宽长51cm	③12股宽长48cm	③	③	③	④6股宽长60cm	④
					④	④

363cm

● **编织方法**

❖ **裁剪、分割环保编织带**

1 参照"平面裁剪图"，裁剪、分割指定长度的编织带。在①横编织带的中心处做上标记。

>> **参照第 22 页裁剪、分割环保编织带。**

❖ **编织底部**

2 把 2 根①编织带的中心处对齐，涂上 1.5cm 宽的黏合剂，十字交叉摆放。准备 3 组十字交叉摆放的编织带，其中 2 组交叉摆放。

>> **参照第 36、37 页北欧风收纳筐的编织步骤 2～4。**

3 另 1 组①编织带也进行十字交叉摆放。

4 把 4 根②编织带分别沿着①编织带如图进行交叉编织。

包袱袋的制作方法 ● 材料 布（素色）122cm × 42cm

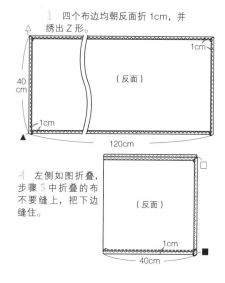
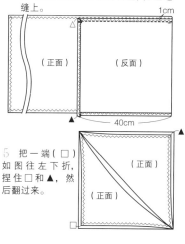
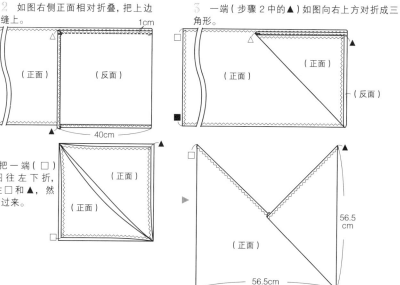

1 四个布边均朝反面折 1cm，并绣出 Z 形。

2 如图右侧正面相对折叠，把上边缝上。

3 一端（步骤 2 中的▲）如图向右上方对折成三角形。

4 左侧如图折叠，步骤 3 中折叠的布不要缝上，把下边缝住。

5 把一端（□）如图往左下折，捏住□和▲，然后翻过来。

❖ 编织侧面

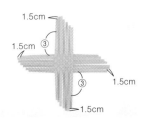

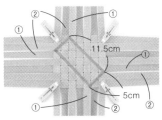

格子花纹编织完成后，作为 4 个角的地方分别用晒衣夹子固定，这样比较容易进行编织。

5 把 4 根③编织带分别沿着②编织带如图交叉摆放进行编织，注意②编织带的顶端稍微错开 1.5cm。

6 如图格子花纹四周的①②编织带的 4 处作为 4 个角，使之成为长方形，并贴上遮蔽胶带，成为提筐的底部。

7 其中 1 处遮蔽胶带的外侧通过尺子固定，使编织带竖起，折出折痕。其他 3 处遮蔽胶带的外侧也按照以上的步骤进行折叠。

>> 参照第 37 页北欧风收纳筐的编织步骤 9。

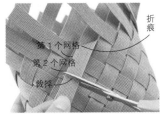

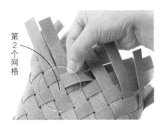

8 从底部的顶角开始，使用编织带编织 5 行，注意交叉编织，整理好编织网格。

>> 参照第 38 页北欧风收纳筐大款的编织步骤 11～15。

9 把朝向左上方的编织带，从编织结束的一端沿着编织网格，斜着折向左下方。

注意折痕要和底部处于平行状态。

10 留出 2 个编织网格的长度后，裁掉多余的部分。

11 把顶端插进向下第 2 行的编织网格里。

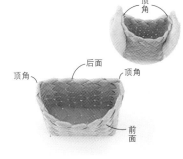

12 按照步骤 9～11 的编织要领，所有朝向左上方的编织带，均需折叠插进编织网格里。

13 所有朝向右上方的编织带从编织结束的一端沿着编织网格，斜着折向右上方，插进编织网格里。然后如图留出 3 个编织网格的长度，多余的部分裁掉。

14 把顶端插进向下第 1 行的编织网格，一直穿到向下第 3 行的编织网格里。

15 按照步骤 13、14 的编织要领，所有编织带的顶端均向折叠插进编织网格里。然后如图手持 2 个顶角，使之成为半圆形。

❖ 安装提手

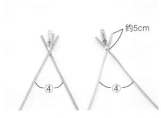

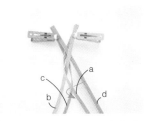

16 把 2 根④提手编织带，左侧在上做成 V 形，用晒衣夹子固定。另 2 根也做成同样的 V 形。

17 把步骤 16 中 2 组 V 形编织带重叠后重新固定。其中 a 放到 b 和 c 之间。

18 把 c 放到 b 和 a 之间。

19 把 d 从 b 和 c 之间的下方穿过，放到 c 和 a 之间。

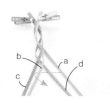  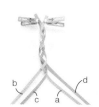

20 把 b 从 d 和 a 之间的下方穿过，放到 c 和 d 之间。

21 把 a 从 c 和 b 之间的下方穿过，放到 b 和 d 之间。

22 把 c 从 a 和 d 之间的下方穿过，放到 b 和 a 之间。

22cm 左右

为了在图片中清晰地呈现编织步骤，编织得比较松 实际上编织 3~4cm 后，需要拉伸提手编织带，拉紧编织网格 编织到一定的长度后，留出所需的长度然后松开，整理好形状

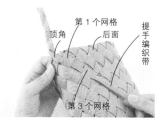 

第 1 个网格
顶角
后面
提手编织带
第 3 个网格
顶角

23 重复步骤 19~22，一直把④提手编织带编织完。然后从两端解开，留出 22cm 左右，完成提手的编织。

24 提手一端有 4 根编织带，把 1 根提手编织带插进步骤 15 外侧顶角的编织网格里。

把顶端插进第 1 行的编织网格，再向下一直穿到第 3 行的编织网格里。

25 使另 1 根提手编织带和步骤 24 中提手编织带成为 V 形，插进编织网格里。

黏合剂

裁掉

〔内侧〕

约11.5cm
约5cm
约11.5cm

26 把步骤 24、25 的提手编织带往内侧拉。在提手编织带的下方编织带处涂上黏合剂，把提手编织带按照箭头方向向外侧错开，粘贴固定。

27 把提手编织带多余的部分在插进编织网格处后裁掉。

28 把另 2 根提手编织带按照步骤 24~27 的编织要领，插进内侧的编织网格里。

29 把提手的另一端插进步骤 28 的相反一侧，按照步骤 24~28 的编织要领插进去，即可完工。

细长形提篮　彩图见第 18 页

Slim basket

● 材料
HAMANAKA ECO CRAFT〔5m 卷〕No.24 芥末色 2 卷

● 完成尺寸
约长 25cm、宽 7.5cm、高 6cm（不含提手）

● 需要准备相应股数和根数的编织带
①横编织带……6 股宽 5 根 长 50cm
②横编织带……8 股宽 4 根 长 25cm
③竖编织带……6 股宽 13 根 长 32cm
④处编织带……6 股宽 2 根 长 8cm
⑤编织带……6 股宽 6 根 长 67cm
⑥边缘处理编织带……12 股宽 1 根 长 130cm
⑦提手编织带……6 股宽 2 根 长 25cm
⑧提手卷编织带……4 股宽 1 根 长 70cm

● 平面裁剪图

〔5m卷〕

■=多余的部分

| ①6股宽 长50cm | ① | ① | ③ | ③ | ③ | ③ | ③ | ③ | ⑥12股宽 长130cm | ⑦6股宽 长25cm |
| ① | ① | | ③ | ③ | ③ | ③ | ③ | ③ | | |

③6股宽 长32cm

497cm

④6股宽 长8cm

②8股宽 长25cm

| ⑤6股宽 长67cm | ⑤ | ⑤ | |
| ⑤ | ⑤ | ⑤ | ⑧4股宽长70cm |

309cm

●编织方法

❖ 裁剪、分割环保编织带

1 参照"平面裁剪图",裁剪、分割指定长度的编织带。在①②横编织带、2根③竖编织带的中心处做上标记。

>> **参照第22页裁剪、分割环保编织带。**

❖ 编织底部

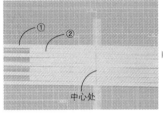

2 把①横编织带和②横编织带如图中心处对齐,交替摆放,注意编织带之间不留缝隙。

>> **参照第24、25页竖款扁平提篮的编织步骤 2 ~ 10。**

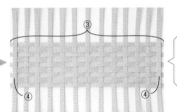

粘贴之前,③竖编织带之间的缝隙整理均匀,编织带顶端对齐

把③竖编织带、④处理编织带放入并粘贴上。

❖ 编织侧面

>> **参照第25、26页竖款扁平提篮的编织步骤 11 ~ 16。**

3 使四周出来的编织带竖立,成为竖编织带。

4 ⑤编织带的顶端放到竖编织带的内侧,并用晒衣夹子固定,然后外侧1根、内侧1根交替穿过竖编织带。

5 1圈交替穿过之后,和编织带编织开始处黏合。这样第1行编织完成。留出长约1cm的窝边。

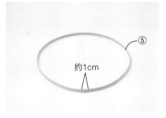

6 剩下的⑤编织带的顶端,通过长约1cm的窝边重叠黏合,做成圆环。

❖ 处理边缘

7 把1根⑤编织带和上一行的⑤编织带一样交替穿过竖编织带,注意这2根⑤编织带的穿过顺序正好相反。第2行编织完成。

8 把剩下的⑤编织带按照步骤7的编织要领进行编织。共编织6行。

9 把⑥边缘处理编织带如图顶端对接做成双层的圆环,用黏合剂对接黏合。

10 把步骤9的圆环放进竖编织带的内侧,用晒衣夹子固定。

注意步骤9中的编织带对接处要放在竖编织带的内侧,这样从外侧看不到,会比较美观

11 把竖编织带像是包裹住⑥边缘处理编织带一样，如图朝内侧折叠，从竖编织带的左侧出来，再折向右上方。

12 所有的竖编织带都按照步骤 11 的编织要领进行编织，这样所有已经往上折的左边的编织带如箭头所示都插进其右边的竖编织带里。

❖ **安装提手**

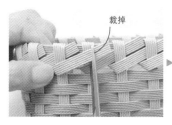

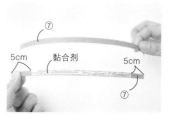

13 把竖编织带的一端拉出，留出一定的长度之后裁掉多余的部分。

涂上黏合剂，如箭头所示插进竖编织带里。

手持 4 个顶角，整理其形状。

14 把 1 根⑦提手编织带的两端空出 5cm，其余部分涂上黏合剂，和另 1 根⑦提手编织带黏合。

15 把⑧提手卷编织带与步骤 14 中对齐黏合的⑦提手编织带的中心处对齐，并朝向一端紧紧地缠绕。

16 缠绕结束后，把⑧提手卷编织带夹到 2 根⑦提手编织带之间，裁掉多余的部分，涂上黏合剂。

把缠绕结束的一端插进提手编织带之间。

17 提手的剩下一半，缠绕⑧提手卷编织带之后，裁掉多余的部分，顶端插进提手编织带之间。

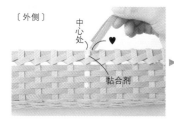

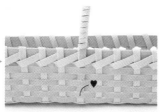

18 在侧面外侧中心处的竖编织带上涂上黏合剂，把提手一端其中 1 根⑦提手编织带的顶端（♥）插进编织网格里。

19 侧面内侧中心处的竖编织带上按照步骤 18 的要领涂上黏合剂，把提手同一端另 1 根编织带的顶端（♡）插进编织网格里。

20 按照步骤 18、19 的编织要领把提手的另一端安装在步骤 19 的相反一侧。

Antique kago

复古风带盖提篮 彩图见第 10 页

● 材料
HAMANAKA ECO CRAFT〔30m 卷〕No.122 蓝色 1 卷

● 完成尺寸
约长 16.5cm、宽 13cm、高 16.5cm（不含提手）

● 需要准备相应股数和根数的编织带

①横编织带……6 股宽 5 根 长 40cm
②横编织带……8 股宽 4 根 长 11cm
③竖编织带……6 股宽 7 根 长 34cm
④处理编织带……6 股宽 2 根 长 7.5cm
⑤编织带……2 股宽 2 根 长 280cm
⑥插入编织带……6 股宽 8 根 长 14cm
⑦编织带……4 股宽 2 根 长 240cm
⑧编织带……2 股宽 6 根 长 70cm
⑨横编织带……6 股宽 5 根 长 54cm
⑩横编织带……8 股宽 4 根 长 11cm
⑪竖编织带……6 股宽 7 根 长 48cm
⑫处理编织带……6 股宽 2 根 长 7.5cm
⑬编织带……2 股宽 2 根 长 280cm
⑭插入编织带……6 股宽 8 根 长 22cm
⑮编织带……2 股宽 2 根 长 490cm

⑯编织带……2 股宽 6 根 长 80cm
⑰编织带……4 股宽 2 根 长 510cm
⑱编织带……2 股宽 6 根 长 70cm
⑲边缘内用编织带……12 股宽 1 根 长 56cm
⑳插锁编织带……3 股宽 1 根 长 50cm
㉑插锁用编织带……1 股宽 1 根 长 25cm
㉒上插锁编织带……4 股宽 1 根 长 7cm
㉓插锁圈编织带……2 股宽 1 根 长 17cm
㉔插锁圈卷编织带……1 股宽 1 根 长 25cm
㉕提手丝带编织带……2 股宽 4 根 长 8cm
㉖提手编织带……6 股宽 2 根 长 90cm
㉗三根线编织带……1 股宽 18 根 长 70cm
㉘上插锁圈用编织带……1 股宽 1 根 长 25cm
㉙上丝带用编织带……1 股宽 4 根 长 25cm

● 平面裁剪图

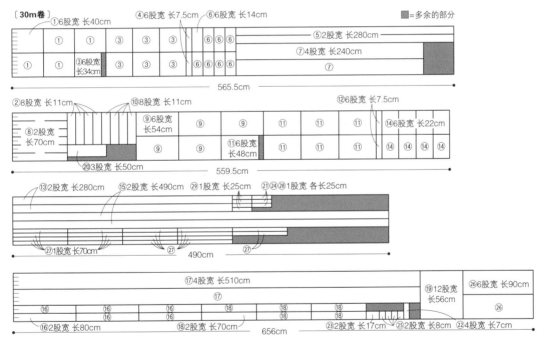

● 编织方法

❖ 裁剪、分割环保编织带

1 参照"平面裁剪图"，裁剪、分割
指定长度的编织带。分别在 2 根①②
⑨⑩横编织带、2 根③⑪竖编织带的
中心处做上标记。

>> 参照第 22 页裁剪、分割环保编织带。

❖ 编织盖子的底部

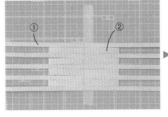

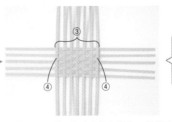

粘贴之前，③竖编织带之间
的缝隙要整理均匀，编织
带顶端对齐。

2 把①横编织带、②横编织带中心
处对齐，交替摆放，注意编织带之间
不留缝隙。

>> 参照第 24、25 页竖款扁平提篮的编
织步骤 2 ~ 10。

把③竖编织带、④处理编织带放入并粘贴。

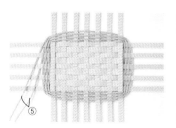
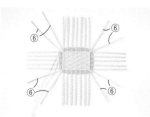
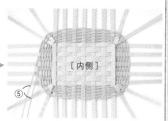

〔外侧〕

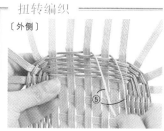

3 使用⑤编织带进行3圈（6行）挑压编织，然后保持2根⑤编织带位置不变。

>> 挑压编织参照第30页马尔凯提篮的编织步骤3～5。

4 把⑥插入编织带分别插入4个角，各插2根。

>> 参照第30页马尔凯提篮的编织步骤7。

用步骤3中放置的⑤编织带进行2圈（4行）挑压编织。

5 翻到内侧，把⑤编织带拉到外侧。

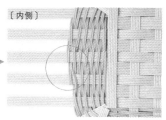

6 把眼前的编织带（♡）放到另一侧编织带的上方，使之交叉。

7 把编织带（♡）绕过竖编织带。

8 重复步骤6、7，2根编织带交叉编织1行，裁掉多余的部分，然后粘贴到竖编织带的背面。

❖ **编织盖子的侧面**

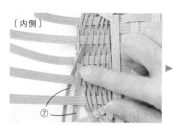

外围大约长55cm

开始编织之前，把7编织带稍微斜一下粘贴固定，这样就不会看见编织带的顶端。
对竖起编织带的弯曲处进行编织时，注意顶角部分的竖编织带的V形缝隙不要过小，其他的竖编织带要保持平行。

9 如图使竖编织带朝内侧弯弯地竖起，使之成为竖编织带。

>> 参照第30页马尔凯提篮的编织步骤9。

10 使用⑦编织带进行4圈（8行）挑压编织。

4圈编织完成后，测一下外围的长度。这个长度也是篮子本体入口四周的长度。多余的部分裁掉，然后粘贴到内侧。

11 用⑧编织带进行三根编织带编织1圈（1行），然后再用⑧编织带进行反向三根编织带编织1圈（1行）。

>> 三根编织带编织、反向三根编织带编织参照第30、31页的马尔凯提篮的编织步骤10～15、19～22。

编织结束后插进内侧，裁掉多余的部分，然后分别和开始编织的顶端黏合。

12 把竖编织带像是包裹着最后一行编织带一样，朝内侧折叠。

〔内侧〕

13 从最后一行的挑压编织向下第 1 行或者第 2 行的编织带开始，朝下把竖编织带插进侧面内侧的编织带里。

>> 参照第 26 页竖款扁平提篮的编织步骤 18、19。

❖ 编织本体、底部

14 把①横编织带换成⑨横编织带、②横编织带换成⑩横编织带、③竖编织带换成⑪竖编织带、④处理编织带换成⑫处理编织带、⑤编织带换成⑬编织带、⑥插入编织带换成⑭插入编织带，按照步骤 2 ~ 9 的编织要领进行编织。

❖ 编织本体、侧面

	⑮编织带	⑰编织带
开始编织一侧	54cm	66cm
	54.5cm	65cm
	56.5cm	63.5cm
	58.5cm	62cm
	60cm	60.5cm
	61.5cm	59cm
	63cm	57.5cm
编织结束一侧	64cm	55cm

15 把⑮编织带和⑰编织带按照上表的顺序，从顶端开始，在 8 处做标记。

外围长度约为 64cm

⑮ — 8 圈（16 行）

16 用⑮编织带进行挑压编织 8 圈（16 行）。开始编织的一端和步骤 10 一样粘贴固定，稍微向外侧扩展地进行编织，注意编织时和步骤 15 中所做的标记尽量重合。

>> 参照第 26 页竖款扁平提篮的"为了更好、更美观地进行编织"。

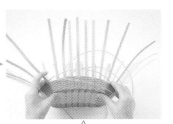

向外侧扩展编织时，1 行编织完之后，手持底部轻轻摁住往外翻，注意使竖编织带之间反复扩展时保持柔韧性。

⑯

17 和步骤 11 一样，用⑯编织带进行三根编织带编织 1 圈（1 行），然后再用⑯编织带进行反向三根编织带编织 1 圈（1 行）。

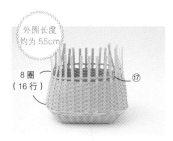

外围长度约为 55cm

8 圈（16 行） — ⑰

18 使用⑰编织带进行挑压编织 8 圈（16 行）。注意编织时向内侧收缩，尽量和步骤 15 中所做的标记重合。最后一行外围的长度就是步骤 10 中所测的长度。

⑱

19 和步骤 11 一样，用⑱编织带进行三根编织带编织 1 圈（1 行），然后再用⑯编织带进行反向三根编织带编织 1 圈（1 行）。

中心处

20 竖编织带连接盖子的位置处（从中心处稍微错开 1 根的地方），如图将 2 根竖编织带用晒衣夹子固定。其他的竖编织带像是包裹着最后一行的编织带一样，朝内侧折叠。

21 和步骤 13 一样，从最后一行的挑压编织向下第 1 行或者第 2 行的编织带开始，朝下把竖编织带插进侧面内侧的编织带里。

在进行挑压编织之前，把竖编织带向内侧折叠，这样容易进行收缩编织。注意每行竖编织带之间缝隙均等。

❖ 编织插锁

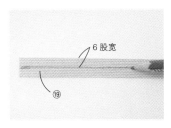

6 股宽

⑲

22 在⑲边缘内用编织带的中心处画上一条线。

⑲

画的线

23 在边缘内侧 0.7cm 处涂上黏合剂，使⑲边缘内侧编织带在步骤 22 中画的线和边缘重合，贴上 1 圈。粘贴结束后将重叠处黏合。

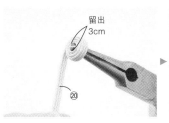

留出 3cm

⑳

24 ⑳插锁编织带的顶端用扁嘴钳夹住，缠上 6 圈使之成为圆环。第 6 圈的顶端涂上黏合剂粘贴固定。

0.3cm

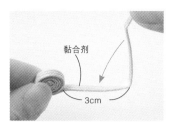

25 如图折成 V 形，涂上黏合剂黏合。

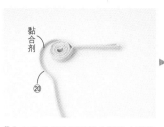

26 在⑳插锁编织带的内侧涂上薄薄一层黏合剂，围绕圆形部分和折成的 V 形部分黏合。

薄薄一层黏合剂晾干之后，插锁就编织完成了。

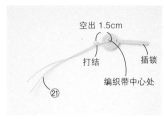

27 把㉑插锁用编织带插进插锁扣里，2 根一起打结。

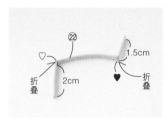

28 把㉒上插锁编织带的 2 处如图进行折叠。

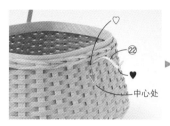

29 把㉒上插锁编织带的顶端涂上黏合剂，从本体中心处的最后一行的挑压编织向下第 2 行编织带的下方，并朝下插进侧面外侧的编织网格里。

把另一端也涂上黏合剂插入侧面中心处外侧的编织带里。

30 ㉓插锁圈编织带的顶端对接重合，做成 2 层的椭圆形，黏合。

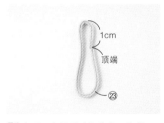

31 如图，捏平顶端部分的 2 根线。

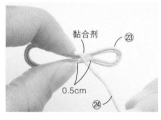

32 捏平的部分涂上黏合剂，用㉔插锁圈卷编织带缠绕 3 次，黏合固定。

33 把㉔插锁圈卷编织带穿进下面的孔里，拉紧。裁掉多余的部分，然后粘贴上。

插锁圈编织完成。

❖ **安装插锁、提手**

34 把㉕提手丝带编织带的顶端对接重合，做成 2 层的圆环，用黏合剂黏合固定。提手环编织完成，一共做 4 个。

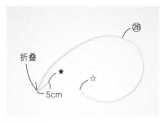

35 把㉖提手编织带的一端如图折叠。

36 穿上 1 个提手环，在㉖提手编织带的背面涂上黏合剂，从★一侧开始粘贴。

37 再穿上 1 个提手环，把编织带的★和☆在提手外侧对接黏合，然后整体黏合。

56

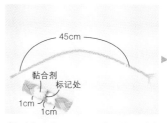

38 把9根②三根线编织带的一端用遮蔽胶带固定,分成3股。把左边3根编织带放到中间3根编织带的上边,然后插进右边3根编织带的下方。

39 把左边3根编织带放到中间3根编织带的上边。

40 把右边3根编织带放到中间3根编织带的上边。

41 重复步骤39、40,直至编织到末端,末端用胶带固定。在45cm长度的两端做上标记,在标记两侧各涂上1cm长的黏合剂,晾干。

完全晾干之后,沿着刚才的标记裁掉多余的部分。

42 三根线编织带的一面全涂上黏合剂,粘贴到步骤37的编织带的★和☆一面。

首先粘贴步骤42中裁掉的一侧,再进行整体粘贴,之后裁掉多余的部分。

43 另一只提手按照步骤35～42的编织步骤进行编织。

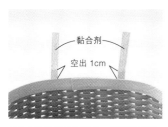

44 本体连接盖子处的2根竖编织带,下端空出1cm,其余全涂上黏合剂。

45 然后插进盖子侧面外侧的编织带里,这样后面部分编织完成。

编织带之间通过一字螺丝刀整理出缝隙,把2根竖编织带一起插进去。

46 前面部分编织时,把②插锁用编织带的两端从外侧插进内侧,并打死结。打结处涂上黏合剂,然后裁掉多余的部分。把②上插锁圈用编织带穿进②插锁圈编织带里,和②插锁用编织带的处理方法一样。

插锁的每个部分,编织完成组合后如图。

47 把②上丝带用编织带穿进提手环里。如图把编织带的两端从外侧穿入篮子,再向外侧拉出一端,然后继续穿进提手环。

把编织带从外侧穿入内侧,拉紧编织带的一端,在内侧打死结,在打结处涂上黏合剂。

48 其他3处的提手从前面往后面渡线,然后安装到篮子上。

Simple stitch bag

刺绣装饰提篮 彩图见第 17 页

● 材料
HAMANAKA ECO CRAFT〔30m 卷〕No.112 苔绿色 1 卷
HAMANAKA ECO CRAFT〔5m 卷〕No.20 灰色 1 卷

● 完成尺寸
约长 30cm、宽 7.5cm、高 19cm（不含提手）

● 需要准备相应股数和根数的编织带　※ 除指定以外用苔绿色。

①横编织带……12 股宽 3 根 长 80cm
②横编织带……12 股宽 2 根 长 30cm
③竖编织带……12 股宽 11 根 长 60cm
④处理编织带……12 股宽 2 根 长 8cm
⑤编织带……6 股宽 14 根 长 77cm
⑥编织带……12 股宽 6 根 长 77cm
⑦提手内用编织带……6 股宽 2 根 长 100cm
⑧提手外用编织带……6 股宽 2 根 长 101cm
⑨提手装饰编织带……3 股宽 2 根 长 30cm
⑩提手卷编织带……2 股宽 2 根 长 460cm
⑪边缘编织带……4 股宽 2 根 长 300cm
⑫锁边编织带（灰色）……1 股宽 2 根 长 200cm

● 平面裁剪图　〔30m卷〕（苔绿色）　　　　　　　　　　　　　　　　　　　■=多余的部分

| ①12股宽 长80cm | ① | ① | ②12股宽长30cm | ② | ③12股宽 长60cm | ③ | ③ | ③ | ③ |

660cm

| ③ | ③ | ③ | ③ | ③ | ④12股宽 长8cm ⑤6股宽长77cm | ⑤ | ⑤ | ⑤ |
| | | | | | ⑤ | ⑤ | ⑤ | ⑤ |

624cm

| ⑤ | ⑤ | ⑤ | ⑥12股宽77cm | ⑥ | ⑥ | ⑥ | ⑥ |
| ⑤ | ⑤ | ⑤ | | | | | |

693cm

⑩2股宽 长460cm		⑨3股宽 长30cm
⑦6股宽 长100cm ⑧6股宽 长101cm	⑪4股宽 长300cm	
⑦	⑧	⑪

661cm

〔5m卷〕（灰色）　⑫1股宽 长200cm

200cm

● 编织方法

❖ 裁剪、分割环保编织带

1 参照"平面裁剪图"，裁剪、分割指定长度的编织带。在①②横编织带、2 根③竖编织带，以及⑨提手装饰编织带的中心处做上标记。

>> 参照第 22 页裁剪、分割环保编织带。

❖ 编织底部

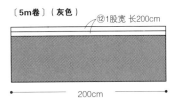

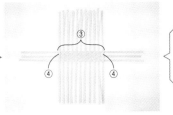

2 把①横编织带、②横编织带中心处对齐，交替摆放，注意编织带之间不留缝隙。

>> 参照第 24、25 页竖款扁平提篮的编织步骤 2 ~ 10。

把③竖编织带、④处理编织带放入并粘贴。

粘贴之前，把③竖编织带之间的缝隙整理均匀，编织带顶端对齐。

❖ 编织侧面

>> 参照第 25、26 页竖款扁平提篮的编织步骤 11 ~ 16。

3 使四周出来的编织带竖起，成为竖编织带。

4 ⑤编织带的顶端从竖编织带的内侧穿过，用晒衣夹子固定，然后外侧1根、内侧1根交替穿过竖编织带。

5 穿过1圈（1行）之后，留出约1cm的窝边，和开始端黏合。这样完成第1圈的编织。

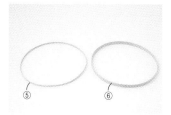

6 剩下的⑤编织带和⑥编织带分别和步骤5一样留出约1cm的窝边，重叠黏合，使之成为圆环。

7 把1根⑥编织带和前一行的⑤编织带一样交替穿过竖编织带，注意2根编织带的穿过顺序正好相反。第2行编织完成。

8 把另1根⑤编织带按照步骤7的编织要领进行编织。第3行编织完成。

9 再重复5次步骤7、8，这样共编织13行。

10 剩下的⑤编织带按照步骤7的编织要领进行编织。

❖ 处理边缘

11 把竖编织带像是包裹住最后一行的编织带一样，如图分别朝内侧、朝外侧折叠。

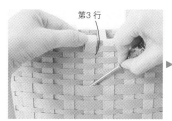

12 把朝外侧折叠的竖编织带从向下第3行编织带的下方，朝下插进侧面外侧的编织带里。

>> 参照第 26 页竖款扁平提篮的编织步骤 18、19。

13 把朝内侧折叠的竖编织带，按照步骤12的编织要领，插进侧面内侧的编织带里。然后手持4个顶角，整理其形状。

❖ 安装提手

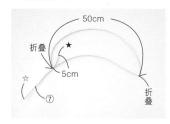

14 把1根⑦提手内用编织带的2处如图折叠。

15 把1根⑦提手内用编织带的两端，在侧面的顶角从外侧穿到内侧。

>> 参照第 32 页马尔凯提篮的编织步骤 36、37。

背面全部涂上黏合剂，粘贴★一侧。接着把编织带的★和☆处对齐粘贴，然后整体粘贴。

16 把1根⑧提手外用编织带的一端如图折叠。

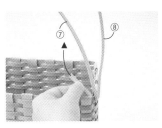

17 在步骤15中穿过的⑦提手内用编织带位置处，把⑧提手外用编织带的两端分别从外侧穿到内侧。

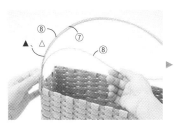

18 在⑧提手外用编织带的背面全涂上黏合剂，从▲一侧像是把⑦提手内用编织带插进一样，开始进行粘贴。裁掉△一侧多余的部分。

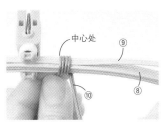

19 将⑧提手外用编织带的中心处和⑨提手装饰编织带的中心处对齐，用晒衣夹子固定。

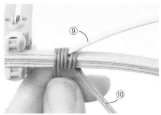

20 把⑩提手卷编织带和提手的中心处重合，把⑩提手卷编织带缠到⑨提手装饰编织带上，缠2圈。

21 在⑨提手装饰编织带下方缠1圈，这样1个花样编织完成。一共重复编织16次。

❖ **编织边缘**

23 提手剩下的一半按照步骤 20 ~ 22 编织要领进行编织。

24 另一只提手按照步骤 14 ~ 23 的编织要领进行编织，安装到另一侧。

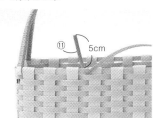

25 把⑪边缘编织带从最后一行的编织带下方，自外侧穿到内侧，编织带拉出约5cm长。

22 用⑩提手卷编织带一直缠绕到顶端。缠绕结束的一端穿入⑦提手内用编织带的底部，涂上黏合剂黏合，裁掉多余的部分。

>> **参照第 32 页马尔凯提篮的编织步骤 41、42。**

26 向前间隔4根竖编织带，把编织带的另一侧从内侧穿到外侧拉出。

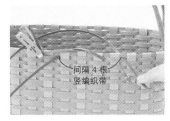

27 间隔3根竖编织带之后返回，从内侧穿到外侧拉出。

28 和步骤 26 一样，向前间隔4根竖编织带，从内侧穿到外侧拉出。

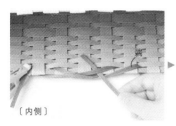

〔内侧〕

29 斜着把编织带的顶端从最近的编织带的下方穿进去。

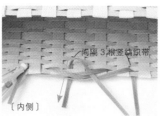

间隔3根竖编织带

〔内侧〕

间隔3根竖编织带之后返回,从内侧穿到外侧并拉出。

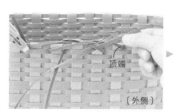

顶端

〔外侧〕

30 斜着把编织带的顶端从最近的编织带的下方穿进去。

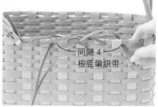

间隔4根竖编织带

向前间隔4根竖编织带,把顶端从内侧穿到外侧并拉出。

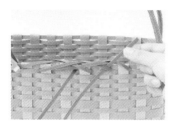

31 重复步骤29、30,一直编织到安装提手的位置。

提手

32 提手部分也按照步骤29、30进行编织,穿过提手的内侧继续向前编织。

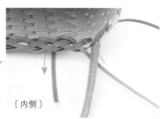

〔内侧〕

穿过外侧之后返回。

33 继续穿过提手的外侧向前,穿过内侧再返回。

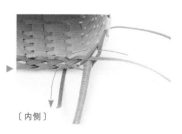

〔内侧〕

34 重复步骤29、30、32、33,一边连接编织带,一边进行编织,直到开始编织的位置处。

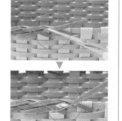

编织带的开始编织端

连接编织带时

与斜着穿过的编织带尽量保持平行,然后涂上黏合剂,新的编织带插进编织结束的编织带的下方。

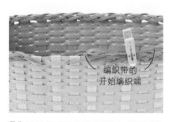

编织带的开始编织端

35 编织接近开始编织端时,把留出的5cm的顶端拉到外侧,和开始编织一侧的编织网格重合并用晒衣夹子固定。和步骤29、30的编织步骤一样,一直编织到接近编织开始的位置。

注意编织带两端不能同时编织,用晒衣夹子固定后分开。

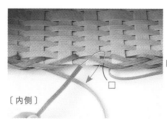

〔内侧〕

□

36 斜着把编织带的顶端从内侧开始编织的编织带的下方(□)穿过,从内侧穿到外侧拉出。

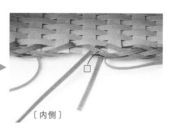

□

〔内侧〕

■

〔外侧〕

37 斜着把编织带的顶端从外侧开始编织的编织带的下方(■)穿过,斜着把编织带的顶端从最近的编织带的下方穿进去。

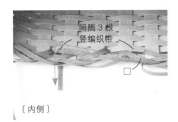

〔内侧〕

38 间隔3根竖编织带之后返回,从内侧穿到外侧拉出,斜着把外侧的编织带的顶端从最近的编织带的下方穿进去。

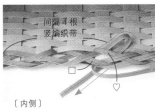

〔内侧〕

39 如图间隔4根竖编织带之后返回,斜着把内侧的编织带的顶端从最近的编织带的下方(♡)穿过,拉到外侧。

〔外侧〕

40 如图斜着把外侧的编织带的顶端从最近的编织带的下方(♥)穿过,然后斜着穿过内侧的编织带的下方(♣)、间隔3根竖编织带之后返回。

〔内侧〕

41 如图斜着把外侧的编织带的顶端从下方(♠)穿过,拉紧编织带。

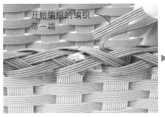

42 使斜着插入的编织带的顶端与被插入的编织带平行,然后裁掉多余的部分。

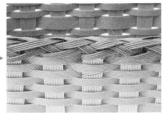

涂有黏合剂的开始编织的编织带穿过编织网格的下方,和编织结束的编织带重合粘贴。

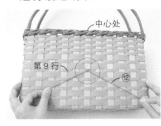

裁掉多余的部分。

❖ **进行锁边编织**

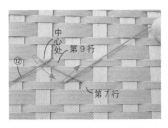

43 把1根⑫锁边编织带从底部穿到第9行的中心处的编织带的上方,在中心处进行交叉。

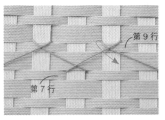

44 ⑫锁边编织带的一端穿过第7行编织带的上侧,并使其交叉。

> 朝下的编织带位于交叉编织带的下方,朝上的编织带交叉编织带的上方。

45 穿过第9行编织带的上方,使其交叉。

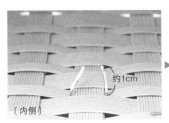

46 重复步骤44、45,编织1圈。

〔内侧〕

47 在内侧,编织带的两端留出约1cm长,多余的裁掉,用黏合剂黏合。

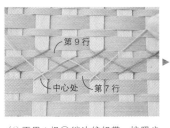

48 再用1根⑫锁边编织带,按照步骤43~47的编织要领,穿过第7行编织带的下侧和第9行编织带的下侧的竖编织带,编织1圈,编织带的两端用黏合剂黏合。

完成。

单提手篮子 彩图见第19页

●材料

HAMANAKA ECO CRAFT〔5m卷〕No.14 栗色 3卷
HAMANAKA ECO CRAFT〔5m卷〕No.13 土灰色 1卷

●完成尺寸

约长21cm、宽12.5cm、高18.5cm（不含提手）

●需要准备相应股数和根数的编织带　　※除指定以外栗色。

①横编织带……6股宽 5根 长72cm
②横编织带……8股宽 4根 长15cm
③竖编织带……6股宽 9根 长60cm
④处理编织带……6股宽 2根 长7.5cm
⑤编织带……2股宽 2根 长330cm
⑥插入编织带……6股宽 8根 长26cm
⑦编织带……4股宽 2根 长410cm
⑧编织带（土灰色）……2股宽 6根 长80cm

⑨编织带……4股宽 2根 长350cm
⑩编织带……4股宽 2根 长250cm
⑪编织带（土灰色）……1股宽 24根 长80cm
⑫提手内用编织带（土灰色）……12股宽 1根 长25cm
⑬提手处理编织带……12股宽 1根 长12cm
⑭提手外用编织带（土灰色）……12股宽 1根 长26cm
⑮提手装饰编织带……4股宽 1根 长15cm
⑯提手卷编织带（土灰色）……2股宽 1根 长440cm

●平面裁剪图

■=多余的部分

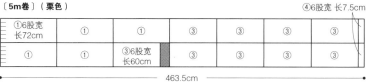

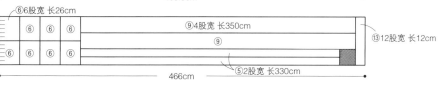

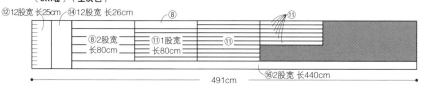

●编织方法

❖ 裁剪、分割环保编织带

1　参照"平面裁剪图"，裁剪、分割指定长度的编织带。在①②横编织带、2根③竖编织带，以及⑮提手装饰编织带的中心处做上标记。

>> 参照第22页裁剪、分割环保编织带。

❖ 编织底部

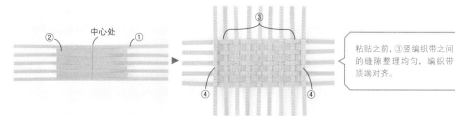

粘贴之前，③竖编织带之间的缝隙整理均匀，编织带顶端对齐。

2　把①横编织带、②横编织带中心处对齐，交替摆放，注意编织带之间不留缝隙。

>> 参照第24、25页竖款扁平提篮的编织步骤 2～10。

把③竖编织带、④处理编织带放入并粘贴。

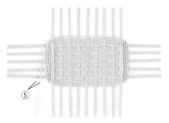 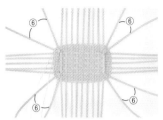 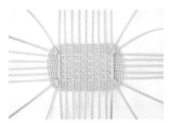

3 使用⑤编织带进行3圈（6行）挑压编织，然后保持2根⑤编织带位置不变。

>> 挑压编织参照第30页马尔凯提篮的编织步骤 3～5。

4 把⑥插入编织带分别插入4个角，各插2根。用步骤3中放置的⑤编织带进行2圈（4行）挑压编织。

>> 参照第30页马尔凯提篮的编织步骤 7、8。

5 使用⑤编织带进行1行扭转编织，之后裁掉多余的部分。

>> 扭转编织参照第54页复古风带盖提篮的编织步骤 5～7。

❖ **编织侧面**

6 如图使四周的编织带朝内侧弯地竖起，成为竖编织带。

>> 参照第30页马尔凯提篮的编织步骤 9。

7 使用⑦编织带进行6圈（12行）挑压编织。多余的部分裁掉，然后粘贴到内侧。

>> 参照第54页复古风带盖提篮的编织步骤 10。

8 用⑧编织带进行三根编织带的编织1圈（1行），然后再用⑧编织带进行反向三根编织带的编织1圈（1行）。裁掉多余的部分，然后和开始编织的顶端黏合。

>> 三根编织带的编织、反向三根编织带的编织参照第30、31页的马尔凯提篮的编织步骤 10～15、19～22。

9 用⑨编织带进行5圈（10行）挑压编织。编织时，注意往内侧收缩。多余的部分裁掉，然后粘贴到内侧。

折回编织

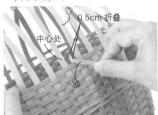 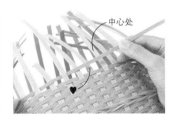 

10 把⑩编织带的一端折叠0.5cm，涂上黏合剂，粘贴到与中心处竖编织带相邻的竖编织带的内侧。

11 把⑩编织带外侧1根、内侧1根交替穿过竖编织带，一直编织到对面靠近中心处的竖编织带（♥）的地方。

12 如图缠着竖编织带（♥）之后折回，绕到内侧。

13 沿着竖编织带（♥）进行折叠，像前一行的编织一样，编织到靠近中心处的1根竖编织带。

14 重复步骤12、13，进行12行（6次折回编织）编织，但每次折回的位置逐渐远离侧面中心处。多余的部分裁掉，然后粘贴到内侧。

〔内侧〕

❖ **编织边缘**

3根　3根

15 相反一侧也按照步骤 10～14 的编织要领进行编织。

16 把 4 根⑪编织带如图合成一组，顶端涂上黏合剂，准备 3 组。

17 用 3 组（12 根）⑪编织带进行 1 行三根编织带的编织。然后再用 3 组（12 根）⑪编织带进行 1 行反向三根编织带的编织。裁掉多余的部分，然后和开始编织的顶端黏合。

18 除两侧各留 3 根竖编织带外，其余的竖编织带均朝内侧折叠。

〔内侧〕

❖ **安装提手**

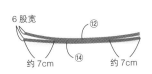

6 股宽　　⑫

⑭

约 7cm　　约 7cm

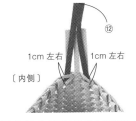

⑫

1cm 左右　　1cm 左右

〔内侧〕

竖编织带

19 从最后一行的折回编织开始，把竖编织带插进侧面内侧的编织带里。

>> **参照第 26 页竖款扁平提篮的编织步骤 18、19。**

20 把⑫提手内用编织带和⑭提手外用编织带的两端如图拆成 6 股宽，大约长 7cm。

21 ⑫提手内用编织带的两端沿着竖编织带插进侧面内侧的竖编织带里，插进 1cm 左右。

22 涂上黏合剂，把外侧的 2 根竖编织带与其黏合。

中间的竖编织带

⑬

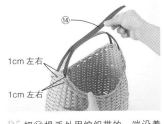

⑭

1cm 左右

1cm 左右

23 然后把外侧中间的竖编织带黏合。

24 把⑬提手处理编织带如图粘贴到竖编织带上，裁掉多余的部分。

25 把⑭提手外用编织带的一端沿着竖编织带插进侧面外侧的竖编织带里，插进 1cm 左右。在⑭提手外用编织带的背面都涂上黏合剂，沿着提手黏合。

26 ⑭提手外用编织带的另一端也沿着竖编织带，插进侧面外侧的竖编织带里并黏合固定。

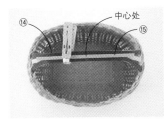

⑭　　中心处

⑮

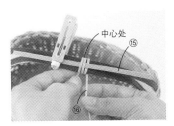

中心处

⑮

⑯

〔内侧〕

约 18.5cm

约 12.5cm　　约 21cm

27 把⑮提手装饰编织带对齐⑭提手外用编织带的中心处，用晒衣夹子固定。

28 把⑯提手卷编织带与提手的中心处对齐，缠到⑮提手装饰编织带上，⑮提手装饰编织带的上面缠 2 次，下面缠 1 次，这样完成 1 个花样的编织。

29 重复步骤 28 共编织 8 个花样。然后继续用⑯提手卷编织带紧紧地缠绕，一直缠到侧端。在内侧裁掉多余的部分，涂上黏合剂，插进⑯提手卷编织带里并黏合。

30 提手剩下一半也按照步骤 28、29 的编织要领进行编织。

Futatsuki basket

北欧风带盖套筐 彩图见第 20 页

● 材料

中款 /HAMANAKA ECO CRAFT〔5m 卷〕No.13 土灰色 3 卷

大款 /HAMANAKA ECO CRAFT 宽款〔10m 卷〕No.414 栗色 2 卷

小款 /HAMANAKA ECO CRAFT〔5m 卷〕No.16 粉红色 1 卷

● 完成尺寸

中款　约长 11.5cm、宽 7.5cm、高 13.5cm

大款　约长 22cm、宽 13cm、高 25.5cm

小款　约长 7cm、宽 4cm、高 8cm

● 需要准备相应股数和根数的编织带　※ 除指定以外，中款为 12 股宽、大款为 24 股宽、小款为 6 股宽。基本为中款、〈〉为大款、《》为小款。

①编织带……4 根 长 36〈68〉《19》cm

②编织带……4 根 长 34〈65〉《18》cm

③编织带……4 根 长 31〈59〉《16.5》cm

④编织带……4 根 长 28〈53〉《15》cm

⑤编织带……4 根 长 23〈42〉《12》cm

⑥编织带……4 根 长 21〈39〉《11》cm

⑦编织带……4 根 长 18〈33〉《9.5》cm

⑧编织带……4 根 长 15〈27〉《8》cm

⑨边缘外用编织带……2 根 长 38.5〈72〉《22》cm

⑩连接编织带……2 根 长 1.5〈3〉《1》cm

⑪边缘处理编织带……3 股宽 2 根 长 6〈10〉《2 股宽 2》cm

⑫边缘处理编织带……3 股宽 2 根 长 30〈54〉《2 股宽 18》cm

⑬边缘处理编织带……3 股宽 2 根 长 38〈70〉《2 股宽 21》cm

⑭边缘内用编织带……2 根 长 37〈69〉《20》cm

⑮插锁圈编织带……3 股宽 1 根 长 11〈2 根 20〉《1 根 2 股宽 6》cm

⑯插锁编织带……3 股宽 1 根 长 7〈7〉《2 股宽 6》cm

⑰插锁芯编织带……3 股宽 1 根 长 3〈3〉《2 股宽 2.5》cm

⑱上插锁编织带……1 股宽 1 根 长 18〈18〉《18》cm

⑲插锁用编织带……2 股宽 1 根 长 6〈9〉《5》cm

● 平面裁剪图 ※ 除指定以外，中款为 12 股宽、大款为 24 股宽、小款为 6 股宽。　▨=多余的部分

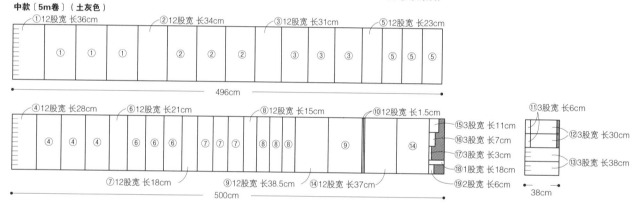

中款〔5m卷〕（土灰色）

①12股宽 长36cm　②12股宽 长34cm　③12股宽 长31cm　⑤12股宽 长23cm

① ① ①　② ② ②　③ ③ ③　⑤ ⑤ ⑤

496cm

④12股宽 长28cm　⑥12股宽 长21cm　⑧12股宽 长15cm　⑩12股宽 长1.5cm

④ ④ ④　⑥ ⑥ ⑥　⑦ ⑦ ⑦　⑧ ⑧ ⑧　⑨　⑭

⑦12股宽 长18cm　⑨12股宽 长38.5cm　⑭12股宽 长37cm

500cm

⑮3股宽 长11cm

⑯3股宽 长7cm

⑰3股宽 长3cm

⑱1股宽 长18cm

⑲2股宽 长6cm

⑪3股宽 长6cm

⑫3股宽 长30cm

⑬3股宽 长38cm

38cm

大款〔10m卷〕（栗色）

①24股宽 长68cm　①　①　①　②24股宽 长65cm　②　②　②　③24股宽 长59cm　③　③　③

768cm

⑤24股宽 长42cm　⑥24股宽 长39cm　⑦24股宽 长33cm　⑧24股宽 长27cm

⑤ ⑤ ⑤　⑥ ⑥ ⑥　⑦ ⑦ ⑦　⑧ ⑧ ⑧　⑨24股宽 长72cm　⑨

708cm

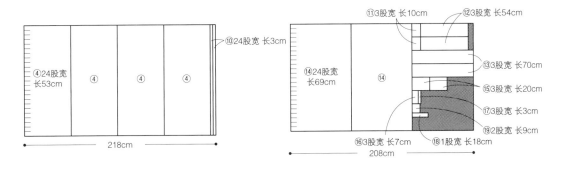

⑪3股宽 长10cm   ⑫3股宽 长54cm
⑩24股宽 长3cm
④24股宽
长53cm   ④   ④   ④

⑭24股宽
长69cm   ⑭
⑬3股宽 长70cm
⑮3股宽 长20cm
⑰3股宽 长3cm
⑲2股宽 长9cm
⑯3股宽 长7cm   ⑱1股宽 长18cm

218cm

208cm

小款〔5m卷〕（粉红色）

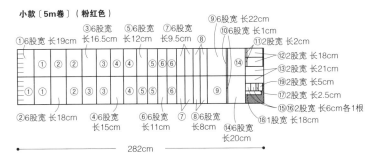

①6股宽 长19cm   ③6股宽
长16.5cm   ⑤6股宽
长12cm   ⑦6股宽
长9.5cm   ⑧   ⑨6股宽 长22cm
⑩6股宽 长1cm   ⑪2股宽 长2cm
①   ②   ②   ③   ④   ④   ⑤   ⑥⑥   ⑥   ⑧   ⑭   ⑫2股宽 长18cm
①   ①   ②   ③   ③   ④   ⑤⑤   ⑥   ⑨   ⑬2股宽 长21cm
⑲2股宽 长5cm
⑰2股宽 长2.5cm
⑮⑯2股宽 长6cm各1根
②6股宽 长18cm   ④6股宽
长15cm   ⑥6股宽
长11cm   ⑦   ⑧6股宽
长8cm   ⑭6股宽
长20cm   ⑱1股宽 长18cm

282cm

●编织方法

※ 基本为中款，〈 〉为大款，《 》为小款。除指定以外为共用。

❖ 裁剪、分割环保编织带

1 参照"平面裁剪图"，裁剪、分割指定长度的编织带。在①编织带、⑤编织带的中心处做上标记。

>> **参照第 22 页裁剪、分割环保编织带。**

❖ 编织本体的底部

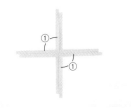

2 在 2 根①编织带的中心处涂上宽1.5〈3〉《0.7》cm 左右的黏合剂。如图十字交叉粘贴，再准备 1 组十字交叉的编织带。

>> **参照第 36、37 页北欧风收纳筐的编织步骤 2 ～ 4。**

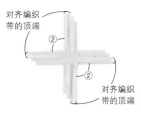

3 把 4 根②编织带分别沿着①编织带如图交叉摆放进行编织。

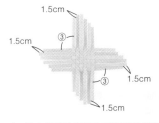

4 把 4 根③编织带分别沿着②编织带如图交叉摆放进行编织，注意②编织带的顶端稍微错开 1.5〈3〉《0.7》cm。

❖ 编织本体的侧面

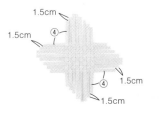

5 把 4 根④编织带分别沿着③编织带如图交叉摆放进行编织，注意③编织带的顶端稍微错开 1.5〈3〉《0.7》cm。

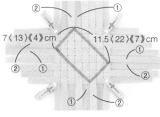

7〈13〉《4》cm   11.5〈22〉《7》cm

6 如图格子花纹四周的①②编织带的 4 处作为 4 个角，使之成为长方形，并贴上遮蔽胶带，成为筐子的底部。

格子花纹编织完成后，作为 4 个角的地方分别用晒衣夹子固定，这样比较容易进行编织。

7 其中 1 处遮蔽胶带的外侧用尺子固定，使编织带竖起，折出折痕。其他 3 处遮蔽胶带的外侧也按照以上的步骤进行折叠。

>> **参照第 37 页北欧风收纳筐的编织步骤 9、10。**

3.5行   3 行
2 行
1 行

8 从底部的顶角开始，如图使编织网格交叉，编织 3.5 行，并整理编织过的部分。

>> **参照第 38 页北欧风收纳筐的编织步骤 11 ～ 15。**

9 手持 4 个顶角，使筐篓成形。

10 在从底部开始的 3.5 行 (约 8〈15.5〉《4.5》cm) 的位置处贴上遮蔽胶带，裁掉多余的部分。

> 贴上遮蔽胶带，裁掉多余的部分。

11 揭掉遮蔽胶带，在边缘外侧编织带的背面涂上黏合剂，把内侧的编织带粘贴上。

12 在 ⑨ 边缘外用编织带的 8〈16〉《4》股宽的地方画线。

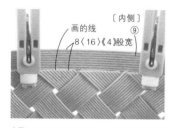

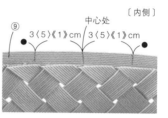

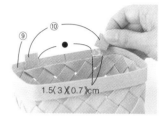

13 在边缘外侧 0.5cm 处涂上黏合剂，用步骤 12 中画过线的 ⑨ 边缘外用编织带对齐边缘处，贴上 1 圈，粘贴结束处重叠黏合。

14 手持 4 个顶角，整理筐子上方的形状。

15 在边缘内侧的 ⑨ 边缘外用编织带的长边上做 3 处标记。

16 边缘内侧 (● 处) 涂上黏合剂，贴上 2 根 ⑩ 连接编织带。

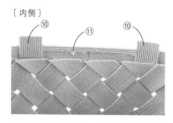

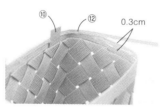

17 边缘内侧 0.3cm 处涂上黏合剂，在 2 根 ⑩ 连接编织带之间贴上 ⑪ 边缘处理编织带。

18 ⑩ 连接编织带之间没有贴上 ⑪ 边缘处理编织带的位置，贴上 ⑫ 边缘处理编织带，然后裁掉多余的部分。

19 在 ⑪ 和 ⑫ 边缘处理编织带上涂上黏合剂，贴上 1 圈 ⑬ 边缘处理编织带。粘贴结束部分对接粘贴开始的位置，重叠黏合，裁掉多余的部分。

20 边缘内侧 1.5〈3〉《0.7》cm 处涂上黏合剂，贴上 1 圈 ⑭ 边缘内用编织带。粘贴结束部分对接粘贴开始的位置，重叠黏合，裁掉多余的部分。

❖ **编织盖子的底部**

❖ **编织盖子的侧面**

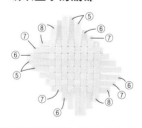

> 涂黏合剂之前，把⑭边缘内用编织带卷起来，用晒衣夹子固定，这样比较方便进行后续的粘贴。

21 把①编织带换成⑤编织带、②编织带换成⑥编织带、③编织带换成⑦编织带、④编织带换成⑧编织带，按照编织步骤 2 ~ 5 的编织要领进行编织。

22 参照编织步骤 6 ~ 9，编织 1.5 行，然后整理已编织的部分。

23 参照编织步骤 10、11，在从底部开始的 1.5 行的位置处贴上遮蔽胶带，然后裁掉多余的部分。

❖ **整理盖子的边缘**

画的线

⑨

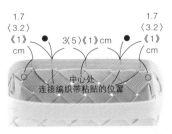

1.7
〈3.2〉
《1》
cm

3〈5〉《1》cm

1.7
〈3.2〉
《1》
cm

中心处
连接编织带粘贴的位置

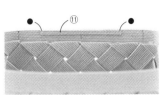

⑪

⑫

24 按照编织步骤 12 ~ 14 的编织要领，贴上 1 圈⑨边缘外用编织带，整理其顶角部分。

25 在边缘内侧的⑨边缘外用编织带的长边上做 5 处标记，用来粘贴连接编织带。

26 在边缘内侧 0.3cm 处涂上黏合剂，标记（●）之间贴上⑪边缘处理编织带。

27 标记（○）之间贴上⑫边缘处理编织带，然后裁掉多余的部分。

❖ **编织插锁，整合本体、盖子**

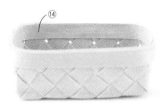

⑬

⑭

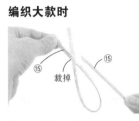

⑮

1.5〈2.5〉
《0.7》cm

（正面）

编织大款时

⑮

⑮

裁掉

❶ 在步骤 30 中编织带的正面全涂上黏合剂，把另 1 根⑮插锁圈编织带放上去，并斜着裁掉这根编织带的交叉的部分。

❶步骤❶中
粘贴的部分

粘贴结束

粘贴开始

❷剩下的⑮插锁圈编织带，不用再交叉，粘贴上去。

28 在⑪和⑫边缘处理编织带上涂上黏合剂，贴上 1 圈⑬边缘处理编织带。粘贴结束部分对接粘贴开始的位置，重叠黏合，裁掉多余的部分。

29 在边缘内侧的1.5〈3〉《0.7》cm 处涂上黏合剂，贴上 1 圈⑭边缘内用编织带。粘贴结束部分对接粘贴开始的位置，重叠黏合，裁掉多余的部分。

30 如图把⑮插锁圈编织带进行交叉，粘贴。

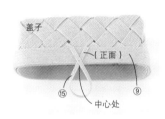

盖子

（正面）

⑮

中心处

⑨

3《2.5》cm

⑯

⑯

⑰

▽

圆环

⑯

31 在⑮插锁圈编织带交叉至两端的背面涂上黏合剂，粘贴到盖子连接编织带的位置和相反一侧。

32 在⑯插锁编织带的两端涂上黏合剂。

33 把⑰插锁芯编织带放到⑯插锁编织带的一端，然后把⑯插锁编织带对折粘贴，未涂黏合剂的部分形成圆环。

圆环

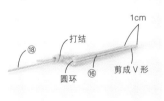

1cm

打结

⑱

圆环

⑯

剪成 V 形

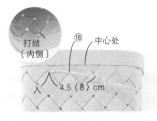

打结
〔内侧〕

⑱

中心处

入

4.5〈8〉cm

1.5〈3〉cm

1.5〈3〉cm

圆环

⑲

34 用一字螺丝刀穿过圆环，使孔扩大。

35 用剪刀把⑯插锁编织带的一端（1cm 处）剪成 V 形。圆环的一侧穿上⑱上插锁编织带，在顶端如图 2 根编织带一起打结。

36 从本体外侧穿入⑱上插锁编织带，在内侧把编织带的顶端打结。

37 折叠⑲插锁用编织带。

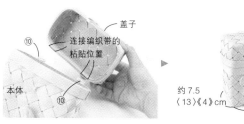

约13.5
〈25.5〉
《8》cm

约7.5
〈13〉《4》cm

约11.5〈22〉《7》cm

58 把⑲插锁用编织带的两端从外侧穿到内侧，在内侧粘贴固定。

59 用一字螺丝刀穿过圆环，使孔扩大。

40 把本体的2根⑩连接编织带全涂上黏合剂，插进盖子连接编织带的位置。

大号收纳筐 彩图见第 13 页

Tappuri shuno kago

●材料
HAMANAKA ECO CRAFT〔30m 卷〕No.120 灰色 1 卷

●完成尺寸
约长 21.5cm、宽 21cm、高 11cm

●需要准备相应股数和根数的编织带
①横编织带……6 股宽 13 根 长 54cm　　⑤编织带……6 股宽 2 根 长 770cm
②横编织带……8 股宽 12 根 长 21cm　　⑥边缘编织带……4 股宽 1 根 长 252cm
③竖编织带……6 股宽 13 根 长 54cm　　⑦边缘编织带……4 股宽 3 根 长 180cm
④处理编织带……6 股宽 2 根 长 21.5cm

●平面裁剪图

〔30m 卷〕

①6股宽 长54cm	①	①	①	①	①	③	③	③	③	③	③
①	①	①	①	①	①	③6股宽 长54cm	③	③	③	③	③

702cm

②8股宽 长21cm

②	②	②	②	②	②	②	②	②	②	⑦4股宽 长180cm	
										⑦	
⑥4股宽 长252cm										⑦	

432cm

④6股宽 长21.5cm

| ⑤6股宽 长770cm |
| ④ 　　　　　　　　　　　　　⑤ |

791.5cm

●编织方法

❖ **裁剪、分割环保编织带**

1 参照"平面裁剪图",裁剪、分割指定长度的编织带。分别在①②横编织带、2根③竖编织带的中心处做上标记。

>> **参照第22页裁剪、分割环保编织带。**

❖ **编织底部**

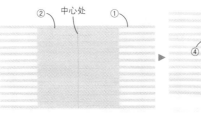

2 把①横编织带、②横编织带中心处对齐,交替摆放,注意编织带之间不留缝隙。

>> **参照第24、25页竖款扁平提篮的编织步骤2～10。**

把③竖编织带、④处理编织带放入并粘贴上。

粘贴之前,把③竖编织带之间的缝隙整理均匀,编织带顶端对齐。

❖ **编织侧面**

竖编织带

3 用尺子使四周的编织带竖起。竖起的编织带成为竖编织带。

>> **参照第25页立体扁平提篮的编织步骤11。**

间隔编织

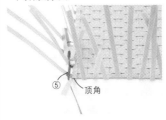

⑤ 顶角

4 把1根⑤编织带从顶角向左穿进第2根竖编织带中,用晒衣夹子固定。

⑤

5 从顶角向右间隔2根竖编织带穿进第3根竖编织带内侧拉出。

⑤ 开始编织

6 重复步骤5,编织1圈(1行)。然后和开始编织的顶端重叠黏合。

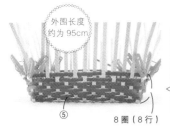

外圈长度约为95cm

⑤

8圈(8行)

7 继续用⑤编织带向外扩展编织,进行8圈(8行)间隔编织。

往外侧扩展编织时,注意编织完1圈时,手持底部轻轻摁住往外翻,注意使竖编织带之间反复扩展时保持柔韧性。其中两端用晒衣夹子反复进行固定。

外围长度约为100cm

⑤

8圈(8行)

8 边连接编织带边用⑤编织带向外扩展编织,进行8圈(8行)间隔编织。裁掉多余的部分,把编织带粘贴到内侧。

>> **连接编织带的方法参照第23页。**

9 把竖编织带像是包裹住最后一行的编织带一样,朝内侧、外侧折叠。

❖ **编织边缘**

10 把步骤9中朝内侧、朝外侧折叠的竖编织带,分别从上方第2行或者第3行朝下,插进侧面外侧、侧面内侧的编织带里。

>> **参照第26页竖款扁平提篮的编织步骤18、19。**

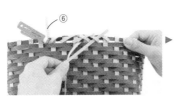

⑥

11 使用⑥⑦边缘编织带进行边缘编织。

>> **编织边缘参照第60～62页刺绣装饰提篮的编织步骤25～42。**

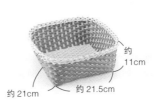

约11cm

约21cm 约21.5cm

日本宝库社授权河南科学技术出版社在中国大陆独家出版发行本书中文简体字版本。

版权所有，翻印必究

备案号：豫著许可备字-2015-A-00000318

图书在版编目（CIP）数据

用环保编织带手编篮筐 /（日）古木明美著；陈亚敏译. —郑州：河南科学技术出版社，2018.1（2019.8重印）

ISBN 978-7-5349-8970-4

Ⅰ . ①用… Ⅱ . ① 古… ② 陈… Ⅲ . ① 手工编织-图解 Ⅳ . ① TS935.5-64

中国版本图书馆CIP数据核字（2017）第225363号

出版发行：河南科学技术出版社
　　　　　地址：郑州市郑东新区祥盛街27号　　　邮编：450016
　　　　　电话：（0371）65737028　　　65788613
　　　　　网址：www.hnstp.cn
策划编辑：刘　欣
责任编辑：李　平
责任校对：王晓红
封面设计：张　伟
责任印制：张艳芳
印　　刷：河南瑞之光印刷股份有限公司
经　　销：全国新华书店
幅面尺寸：213 mm×285 mm　　印张：4.5　　字数：110千字
版　　次：2018年1月第1版　　2019年8月第2次印刷
定　　价：49.00元

如发现印、装质量问题，影响阅读，请与出版社联系并调换。